AI

[PACKT] PUBLISHING

深度学习系列

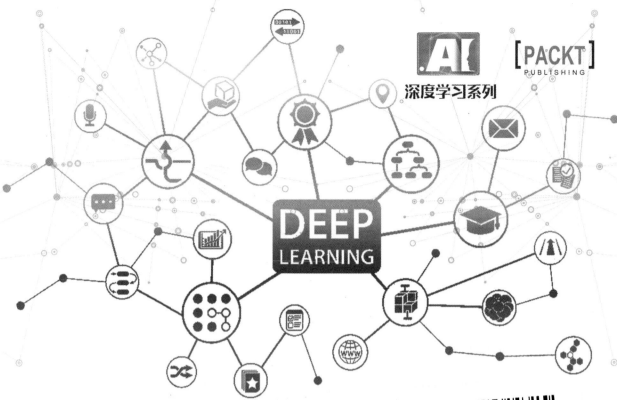

DEEP LEARNING

Deep Learning Essential

U0216219

深度学习

基础教程

邸　韡　　（Wei Di）

[美]阿努拉格·巴德瓦杰（Anurag Bhardwaj）　　著

魏佳宁（Jianing Wei）

杨　伟　　李　征　等译

机械工业出版社
CHINA MACHINE PRESS

本书是真正适合深度学习初学者的入门书籍，全书没有任何复杂的数学推导。本书首先介绍了深度学习的优势和面临的挑战、深度学习采用深层架构的动机、学习深度学习需要的数学知识和硬件知识以及深度学习常用的软件框架。然后对多层感知机、卷积神经网络（CNN）、受限玻耳兹曼机（RBM）、循环神经网络（RNN）及其变体——长短时记忆（LSTM）网络进行了详细介绍，并且以独立章节重点阐述了CNN在计算机视觉中的应用、RNN在自然语言处理中的应用以及深度学习在多模态学习领域中的应用。最后，本书介绍了深度强化学习的基本知识，给出了应用深度学习技术需要的许多实用技巧并概述了深度学习的一些新方向和新应用。

图书在版编目（CIP）数据

深度学习基础教程 /（美）邸韡，（美）阿努拉格·巴德瓦杰（Anurag Bhardwaj），（美）魏佳宁著；杨伟等译 .—北京：机械工业出版社，2018.10

（深度学习系列）

书名原文：Deep Learning Essentials

ISBN 978-7-111-60845-5

Ⅰ .①深… Ⅱ .①邸… ②阿… ③魏… ④杨… Ⅲ .①机器学习 – 教材 Ⅳ .① TP181

中国版本图书馆 CIP 数据核字（2018）第 208013 号

机械工业出版社（北京市百万庄大街 22 号　邮政编码 100037）
策划编辑：刘星宁　　　　　责任编辑：刘星宁
责任校对：王 延 陈 越 责任印制：张 博
三河市宏达印刷有限公司印刷
2018 年 10 月第 1 版第 1 次印刷
184mm × 240mm · 11 印张 · 242 千字
0 001—4000 册
标准书号：ISBN 978-7-111-60845-5
定价：59. 00 元

凡购本书，如有缺页、倒页、脱页，由本社发行部调换
电话服务　　　　　　　　　网络服务
服务咨询热线：010-88361066　机 工 官 网：www.cmpbook.com
读者购书热线：010-68326294　机 工 官 博：weibo.com/cmp1952
　　　　　　　010-88379203　金 书 网：www.golden-book.com
封面无防伪标均为盗版　教育服务网：www.cmpedu.com

译者序

　　深度学习是采用多层神经网络学习数据层次表示的机器学习方法。尽管深度学习的基础理论突破在 20 世纪 90 年代之前就已完成，但由于当时计算机硬件和数据集大小的限制，深度学习相比于其他机器学习方法并没有展现出明显的优势。直到近年来随着海量带标签数据集的出现以及高性能 GPU 硬件的发展，深度学习才成为风靡全球的技术。目前，深度学习已经在人脸识别、图像检索、自动驾驶、机器翻译、语言识别等改变人类社会生活的领域获得了广泛的成功。为此，许多科技公司如谷歌、Facebook、微软、百度、腾讯和商汤科技等都在深度学习上投入了大量的资金和人力，以便抢占相关核心技术的制高点。

　　深度学习技术是构建在复杂的数学理论之上的，完全地掌握它需要线性代数、微积分、非线性优化以及概率论等方面的数学知识。这听起来往往令深度学习的初学者望而却步。然而，由于深度学习框架 TensorFlow、PyTorch、CNTK 和 Keras 等的出现，学习深度学习的门槛已经大大降低了。特别地，深度学习框架引入了自动微分技术，避免了用户基于微积分知识进行复杂的导数推导。另外，深度学习框架提供了多个成熟的优化算法，使得不了解非线性优化的用户可以通过简单的代码使用优化算法。

　　通过绕开复杂的数学推导，本书基于深度学习框架 TensorFlow 对深度学习的基本概念、常用网络模型和实践方法等进行了深入浅出的讲解。即便数学基础不好的读者，也可以轻松地阅读本书。本书首先介绍了多层感知机、卷积神经网络（CNN）、受限玻耳兹曼机（RBM）和循环神经网络（RNN），然后重点阐述了 CNN 如何被用于解决现实世界中的计算机视觉问题以及 RNN 及其变体——长短时记忆（LSTM）网络如何进行高级自然语言处理。最后，本书介绍了深度强化学习和深度学习的实用技巧，同时探讨了深度学习的发展趋势。特别地，通过设问及循序渐进的介绍，本书可以让读者深刻地领会当前的深度学习技术。不同于市面上的深度学习书籍，本书首次对深度学习在多模态领域中的应用进行了专门的介绍。

　　本书的作者 Wei Di、Anurag Bhardwaj 和 Jianing Wei 都是工业界的一线数据科学家。他们工作多年，具有深厚的理论功底和丰富的实践经验，这些都为本书的写作提供了良好的基础。

　　深度学习是人工智能领域的研究热点，随着时间的推移，各种新理论和新算法将不断涌现。本书只提供了迄今为止已经被证实的非常有效的深度学习技术。本书对深度强化学习的介绍略显单薄。尽管如此，本书仍然是不可多得的好教材。

　　本书由河南大学的杨伟、李征两位老师主译。在本书翻译过程中，河南大学计算机与信息工程学院的研究生李艳萍、韩森森、李聪颖、王玉、郭玥秀等也参加了部分内容的翻译并对译文的校订做了大量工作，机械工业出版社的刘星宁编辑在本书的整个翻译过程中提供了许多帮助，在此对他们表示衷心的感谢。

此外，在翻译的过程中，我们对英文版中的少数排版错误进行了更正。由于错误非常明显，我们没有特别声明。译文虽经反复修改和校对，但由于译者水平有限，书中难免有欠妥和纰漏之处，我们真诚地欢迎广大读者批评指正。

译　者

原书前言

深度学习是科技界最具突破性的发展趋势，已经跨越研发实验室应用到生产环境中。它是通过数据的多个隐藏层进行深入洞察的科学和艺术。目前，深度学习是图像识别、物体识别和**自然语言处理（NLP）**问题解决方案的最佳提供者之一。

从温习机器学习开始，本书将快速地进入深度学习的基本原理及其实现。随后，将向读者介绍不同类型的神经网络及其在现实世界中的应用。在具有启发性示例的帮助下，读者将学习使用深层神经网络识别模式，并了解数据操作和分类等重要概念。

采用基于深度学习的强化学习技术，将可以构建超越人类的人工智能（AI）。另外，将学习如何使用 LSTM 网络。阅读本书的过程中，将遇到各种不同的框架和库，如 Tensor-Flow、Python 和 Nvidia 等。在本书的最后，读者将能够为自己的应用部署一个面向生产的深度学习框架。

读者对象

如果你是一个希望为自己的商业应用构建深度学习动力的富有抱负的数据科学家、深度学习爱好者或人工智能研究人员，那么本书能够成为你开始处理人工智能挑战的完美资源。

为了充分利用本书，你必须具备中级 Python 技能，并且熟悉机器学习概念。

本书内容

第 1 章是为什么进行深度学习，对深度学习进行了概述。本章将首先介绍深度学习的历史、兴起及其在一些领域的最新进展。随后还将介绍深度学习的一些挑战及其未来潜力。

第 2 章是为深度学习做准备，是培养自己进行深度学习实验并在现实世界中应用深度学习技术的起点。本章将回答关于深度学习入门所需技能和概念的一些关键问题。本章内容包括线性代数的一些基本概念、深度学习实现的硬件要求，以及一些主流的深度学习软件框架。本章还将研究在基于云的 GPU 实例上从零开始搭建一个深度学习系统。

第 3 章是神经网络入门，重点介绍神经网络的基本知识，包括输入 / 输出层、隐藏层，以及网络如何通过前向和反向传播进行学习。本章将从标准多层感知机网络及其构建模块开始，说明它们是如何逐步学习的。随后还将介绍一些主流的标准模型，如**卷积神经网络（CNN）、受限玻耳兹曼机（RBM）、循环神经网络（RNN）及其变体——长短时记忆（LSTM）网络**。

第 4 章是计算机视觉中的深度学习，对 CNN 进行了详细解释。本章将讲解 CNN 工作所必需的核心概念以及它们如何被用来解决现实世界中的计算机视觉问题。本章将介绍一些主流的 CNN 架构，并且还将使用 TensorFlow 实现一个基本的 CNN。

第 5 章是自然语言处理中的向量表示，涵盖了基于深度学习进行自然语言处理的基础知识。本章将介绍自然语言处理中一些主流的用于特征表示的词嵌入技术，涵盖的模型有 Word2Vec、GloVe 和 FastText 等。本章还包括一个使用 TensorFlow 进行嵌入训练的示例。

第 6 章是高级自然语言处理，采用以模型为中心的方法进行文本处理。本章将讨论一些核心模型，如 RNN 和 LSTM 网络。本章将介绍使用 TensorFlow 实现一个 LSTM 网络的示例，并描述 LSTM 网络常用文本处理应用背后的基本架构。

第 7 章是多模态，介绍了采用深度学习处理多模态的一些基本进展。本章也分享了一些新颖、先进的深度学习多模态应用。

第 8 章是深度强化学习，涵盖了强化学习的基础知识，同时阐述了怎样应用深度学习改进强化学习。本章主要介绍了使用 TensorFlow 进行深度强化学习的基本实现，并讨论了深度强化学习的一些主流应用。

第 9 章是深度学习的技巧，为读者提供了在使用深度学习时可以采用的许多实用技巧，如网络权值初始化的最佳实践、学习参数调整、如何防止过拟合以及在面对数据挑战时如何准备数据以便更好地学习。

第 10 章是深度学习的发展趋势，总结了即将到来的一些深度学习想法。它着眼于新开发算法中的一些即将出现的趋势以及一些深度学习的新应用。

阅读建议

为了充分利用本书，读者需要按照我们提供的如下建议进行阅读：第一，建议至少对 Python 编程和机器学习有一些基本的了解。第二，在阅读第 3 章及其之后的章节之前，一定要遵循第 2 章的设置说明。需要设置自己的编程环境，以便于能够练习书中的示例代码。第三，让自己熟悉 TensorFlow 并阅读其文档。TensorFlow 文档 (https://www.tensorflow.org/api_docs/) 是一个很好的信息资源，其包含了大量很好且重要的示例。也可以在网上查看各种开源示例和深度学习相关的资源。第四，一定要亲自探索。对于不需要太多计算时间的简单问题尝试不同的设置或配置，这有助于快速了解模型如何工作以及如何调整参数。最后，深入研究每种类型的模型。本书用朴素的语言解释了各种深度学习模型的要点并且避免了太多的数学描述，其目的是帮助读者了解神经网络的底层机制。虽然目前有许多不同的开源工具可以提供高级 API，但是对深度学习的良好理解将对调试和改进模型性能大有裨益。

下载示例代码文件

读者可以在网站 www.packtpub.com 上登录自己的账户，下载本书的示例代码文件。如果是从其他渠道购买的本书，可以访问网址：www.packtpub.com/support。注册之后，可以收到通过邮件直接发送过来的文件。

可以根据下面的步骤下载代码文件：

1）在网站 www.packtpub.com 上登录或注册；

2）选择 **SUPPORT** 选项卡；

3）单击 **Code Downloads & Errata**；

4）在**搜索**框中输入本书的名字，然后按照屏幕上的指令进行操作。

下载文件后，请确保使用下列软件的最新版本解压或提取文件夹：

- Windows：WinRAR/7-Zip；
- Mac: Zipeg/iZip/UnRarX；
- Linux：7-Zip/PeaZip。

本书的代码也可以通过 GitHub 网址：https://github.com/PacktPublishing/Deep-Learning-Essentials 进行下载。另外，网址 https://github.com/PacktPublishing/ 上含有大量其他书籍和视频中的代码，欢迎下载！

下载彩色图片

作者还提供了一个 PDF 文件，包含本书所用图片的彩色版本。读者可以通过访问网址：https://www.packtpub.com/sites/default/files/ downloads/DeepLearningEssentials_ColorImages.pdf 进行下载。

排版约定

本书使用了许多文本约定。

正文中的代码、数据库表名、文件夹名、文件名、文件扩展名、路径名、虚拟 URL、用户输入和 Twitter 句柄都采用相同的字体排版。示例如下："另外，alpha 是学习率；vb 是可见层的偏置；hb 是隐藏层的偏置；W 是权值矩阵。采样函数 sample_prob 是吉布斯采样函数，其决定了要打开哪个节点。"

代码块的设置如下所示：

```
import mxnet as mx
tensor_cpu = mx.nd.zeros((100,),ctx=mx.cpu())
tensor_gpu = mx.nd.zeros((100,),ctx=mx.gpu(0))
```

任何命令行输入或输出具有如下形式：

```
$ sudo add-apt-repository ppa:graphics-drivers/ppa -y
$ sudo apt-get update
$ sudo apt-get install -y nvidia-375 nvidia-settings
```

新术语或重要词汇用黑体显示。

 警告或者重要注释如左图所示。

 提示和技巧如左图所示。

联系我们

我们欢迎来自读者的反馈。

一般反馈：请发送电子邮件至 feedback@packtpub.com，并在邮件中注明书名。如果读者对本书的任何方面有疑问，请发送电子邮件至 questions@packtpub.com。

勘误表：尽管我们已经尽全力确保内容的准确性，但错误不可避免。如果读者在本书中发现错误并告知我们，我们将不胜感激。请访问 www.packtpub.com/submit-errata，选择本书，单击勘误提交表单链接，然后输入详细信息。

盗版：如果读者在互联网上发现任何非法复制我们作品的情况，请将网址或网站名称提供给我们，我们将不胜感激。请通过 copyright@packtpub.com 与我们联系并提供材料链接。

成为作者：如果你有专业的知识，并且对撰写书籍感兴趣，请访问 authors.packtpub.com。

评论

请留下你的评论。一旦你阅读并使用了本书，为什么不在购买的网站上留下评论呢？潜在的读者可以看到并根据你中肯的意见做出购买决定，我们在 Packt 网站上可以了解你对我们产品的看法。同时，我们的作者可以看到你对他们著作的反馈。谢谢你！

有关 Packt 的更多信息，请访问 packtpub.com。

目　录

第 1 章
为什么进行深度学习

本章给出了深度学习的简介，深度学习的历史及其兴起，以及深度学习在一些领域的最新进展。同时，讨论了深度学习的一些挑战及其未来潜力。

本章将回答一些关键的问题，这些问题通常由深度学习的实际用户提出，并且这些用户可能没有机器学习的背景。这些问题包括：

- 什么是人工智能（AI）和深度学习？
- 深度学习或人工智能的历史是什么？
  - 深度学习有什么重大突破？
  - 深度学习最近兴起的主要原因是什么？
- 深层网络结构的动机是什么？
  - 为什么要依靠深度学习，并且为什么现有的机器学习算法不能解决当前的问题？
  - 深度学习可以应用到哪些领域？
  - 深度学习的成功案例。
- 深度学习的未来如何及其当前的挑战是什么？

1.1 什么是人工智能和深度学习

创造模仿人类智能的梦想早已存在。虽然它们大多出现在科幻小说中，但在最近的几十年里，我们逐渐在建造智能机器上取得了进展，这些机器可以像人类一样完成某些任务。这就是称为人工智能的领域。人工智能的起源也许可以追溯到帕梅拉·麦考达克的著作《机器思维》（Machines Who Think），她在书中把人工智能描述成了能伪造神灵的古老愿望。

深度学习是人工智能的一个分支，其目标是让机器学习更接近于它最初的目标：人工智能。

深度学习采用的方法是模仿新皮层中神经元层中的活动。新皮层是占据大脑 80% 的褶皱，能够产生思维。在人类大脑中，大约有 1000 亿个神经元和 100~1000 万亿个突触。

对于不同类型的数据，如图像、视频、声音和文本，深度学习通过学习层次结构、表示级别和抽象级别理解数据模式。

高级抽象可定义为低级抽象的组合。前者之所以被称为**深**，是因为它有多个非线性特征变换状态。深度学习的最大优势之一就是它能够在多个抽象级别自动地学习特征表示。这使得系统不需要依赖于人工的特征提取，就能学习从输入空间到输出空间的复杂函数映射。此外，深度学习还提供了预训练机制，即在一组数据集上学习的表示，可以应用到其他数据集。当然，预训练机制可能存在一些限制，比如用于学习的数据需要具备足够好的质量。此外，当以贪婪的方式基于大量无监督数据进行学习时，深度学习也会表现得很好。

图 1-1 显示了一个简化的**卷积神经网络（CNN）**。

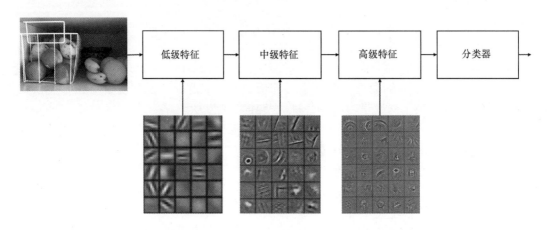

图 1-1　简化的卷积神经网络（每个小正方形中的图表示网络学到的层次特征）

深度学习模型，即学习后的深层神经网络，通常由多个网络层组成。这些网络层通过分层合作可以构建改进的特征空间。第一层学习低阶特征，例如颜色和边缘。第二层学习高阶特征，例如角点。第三层学习小块或纹理特征。网络层通常以无监督模式学习，以便发现输入空间的一般特征。然后，最后一层网络的特征可以输入到监督层以便完成分类或回归任务。

在网络层之间，节点通过加权边进行连接。每个节点与一个激活函数相关联，其可视为一个模拟的新皮层。节点的输入来自于其低层节点。然而，构建如此庞大、多层类神经元信息流阵列是 10 年前的想法。从创造想法到最近的成功，深层网络的发展经历了一波三折。

随着数学公式的最新改进、计算机的日益强大和越来越多的大规模数据集创建，深度学习的春天已经来临。目前，深度学习已成为当今科技界的一大支柱，并已广泛地应用于多个领域。在下一节中，将追溯深度学习的历史并讨论其令人难以置信的起伏发展旅程。

1.2　深度学习的历史及其兴起

在人工智能研究的曙光到来不久，20 世纪 40 年代便开发出了最早的神经网络。在 1943 年发表的题为《A Logical Calculus of Ideas Immanent in Nervous Activity》的开创性论文中，提出了神经网络的第一个数学模型。该模型的单元是一个简单的形式化神经元，通常被称为 McCulloch-Pitts 神经元。它是为生物神经元模型——神经网络而设想的数学函数。McCulloch-Pitts 神经元是人工神经网络中的基本单元。图 1-2 给出了一个人工神经元模型的示例。人工神经元的想法确实很有发展前景，因为其以极其简单的方式模拟人脑的工作机制。

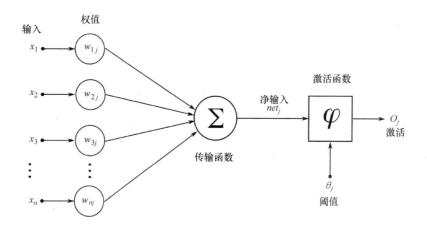

图 1-2　人工神经元模型示例
（图片来源：https://commons.wikimedia.org/wiki/File:ArtificialNeuronModel_english.png）

这些早期的模型只包括一小部分的人工神经元以及用于神经元连接的随机**权值**。权值决定人工神经元彼此间如何传递信息，即每个神经元如何以 0~1 之间的值进行响应。通过这种数学表示，神经元的输出可以获取图像的边缘及形状，或者音素中某一频率的特定能级。图 1-2 给出了人工神经元的数学公式表示，其中输入对应于树突；激活函数控制神经元是否在到达阈值时触发；输出对应于轴突。然而，早期的神经网络只能模拟非常有限的神经元数量，所以采用这种简单的架构仅能识别有限的模式。因此，这些模型在 20 世纪 70 年代被搁置。

反向传播概念是在 20 世纪 60 年代首次提出的，其表示采用误差训练深度学习模型。随后提出的是多项式激活函数模型。通过缓慢的人工处理，每一层基于统计选择的最佳特征被传送到下一层。不幸的是，第一个人工智能的冬天开始了，而且持续了近 10 年。在这个早期阶段，尽管模仿人脑的想法听起来十分奇妙，但是人工智能程序的实际功能却非常有限。即使最好的程序也只能处理一些简单问题。更别说当时拥有的计算能力非常有限，并且只有很小的数据集。严冬的出现主要是因为人们对人工智能的期望太高。当结果未能如意时，对人工智能研究的批评和撤资便随之而来。

慢慢地，反向传播算法在 20 世纪 70 年代有了显著的发展，但直到 1985 年才被应用于神经网络。在 20 世纪 80 年代中期，Hinton 等通过"**深层模型**"再次激发了人们对神经网络的兴趣。"深层模型"有两个以上的隐藏层，能更好地利用多层神经元。图 1-3 给出了一个多层感知机神经网络的示例。就是在这时候，Hinton 与其合作者证实了神经网络中的反向传播算法能够生成有趣的表示分布 (https://www.iro.umontreal.ca/~vincentp/ift3395/lectures/backprop_old.pdf)。1989 年，Yann LeCun(http://yann.lecun.com/exdb/publis/pdf/lecun-89e.pdf) 在贝尔实验室展示了反向传播算法的第一个实际应用。他把反向传播算法

3

引入到卷积神经网络（CNN）以便理解手写数字，其想法最终演变成了一个读取手写支票号码的系统。

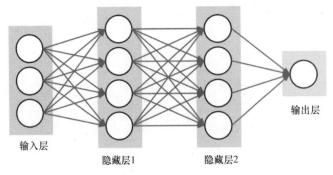

图 1-3　多层感知机神经网络中的人工神经元示例

（图片来源：https://github.com/cs231n/cs231n.github.io/blob/master/assets/nn1/neural_net2.jpeg）

此时恰逢第二个人工智能寒冬（1985~1990 年）。1984 年，两位主要的人工智能研究人员 Roger Schank 和 Marvin Minsky 对商界人士提醒到：人们对人工智能的热情已经走向失控。虽然多层网络可以学习复杂的任务，但是其运行速度很慢并且结果也不令人印象深刻。因此，当另一种较简单但更有效的方法（如支持向量机）被提出后，政府和风险投资者便放弃了对神经网络的支持。仅仅 3 年后，10 亿美元的人工智能产业就崩溃了。

然而，这并不是真正的人工智能失败，而是更多炒作的结束。类似的情况在许多新兴技术中很常见。尽管人工智能在声誉、资金和兴趣方面起伏不定，一些研究人员仍然坚持自己的信念。不幸的是，他们并没有真正研究多层网络学习如此困难以及表现不佳的真实原因。2000 年，梯度消失问题的发现最终引起人们关注到真正的关键问题：为什么多层网络不学习？其原因是一些激活函数的输入被压缩，即大面积的输入区域仅被映射到一个极小的输出区域。从最后一层网络计算出的较大变化或误差，只有少量会反向传播到前面的网络层。这意味着很少或根本没有学习信号能够到达前面的网络层，因而这些层学到的特征很弱。

需要注意的是，许多上层网络是问题的根本，因为它们承载了数据最基本的表征模式。由于上层网络的最优配置也可能依赖于其后续层的配置，因此这会使问题变得更糟。这意味着上层网络的优化是基于下层网络的非优配置进行的。所有这一切都表明要训练下层网络并获得好的结果是困难的。

针对上述问题，提出了两种解决方法：逐层预训练和**长短时记忆（LSTM）**模型。为了解决循环神经网络（RNN）的梯度消失问题，Sepp Hochreiter 和 Juergen Schmidhuber 在 1997 年首次提出了 LSTM 模型。

在最近的 10 年里，许多研究者取得了一些重要性的概念突破。无论学术界还是工业界，对深度学习的兴趣都突然爆发了。2006 年，加拿大多伦多大学的 Hinton 教授与其合作者开发了一种针对**深度置信网络（DBN）**的快速学习算法（https://www.cs.toronto.edu/~hinton/absps/fastnc.pdf）。该算法能够更加有效地训练单个神经元层。这引发了神经网络的第二次复兴。在 Hinton 的论文中，其介绍了深度置信网络。深度置信网络在进行学习时一次贪婪

地训练一层，并且每层采用无监督学习算法——**受限玻耳兹曼机（RBM）**进行训练。图 1-4
阐明了这种深度置信网络的逐层训练概念。

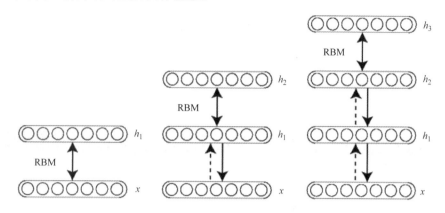

图 1-4　Hinton 提出的逐层预训练

提出的深度置信网络在 MNIST 数据集上进行了测试实验。MNIST 数据集是图像识别
方法进行精确率和准确率比较的标准数据集，其由 70000 张大小为 28×28 像素的 0~9 之
间的手写数字图片组成。70000 张图片被进一步划分为两部分：60000 张用于训练，余下的
10000 张用于测试。实验的目的是正确地回答测试样本中写入的数字是 0~9 之间的哪一个。
虽然该论文在当时并没有引起太多关注，但是 RBM 在预测精确度方面远远高于传统的机器
学习方法。

快进到 2012 年，一个算法震撼了整个人工智能研究领域。在全球图像识别竞赛——
ImageNet 大规模视觉识别挑战（ImageNet Large Scale Visual Recognition Challenge，ILS-
VRC）中，一个名为 **SuperVision** 的冠军团队获得了 15.3% 的 top-5 测试错误率（http://im-
age-net.org/challenges/LSVRC/2012/supervision.pdf），而第二名团队的测试错误率为 26.2%。
ImageNet 数据集具有大约 120 万张高分辨率图片，涵盖了 1000 个不同的类别。ImageNet
提供了 1000 万张图片用作学习数据，15 万张图片用于测试数据。来自多伦多大学的 3 位作
者 Alex Krizhevsky、Ilya Sutskever 和 Hinton 教授构建了一个具有 6000 万个参数、65 万个
神经元以及 6.3 亿个连接的深层卷积网络。该网络由 7 个隐藏层和 5 个卷积层组成，其中部
分卷积层后面紧跟着最大池化层。网络的最后是 3 个全连接层，最后一层全连接层的输出
通过 1000 路的 softmax 函数最终产生 1000 个类别上的概率分布。通过随机地从输入图像中
采样大小为 224×224 的图像块，实现了训练数据的扩充。为了加速训练，他们使用非饱和
神经元和卷积运算的一个极高效的 GPU 实现。他们还在全连接层上使用 Dropout 以减少过
拟合，这被证明是极其有效的。

此后，深度学习获得了飞速发展。现在，深度学习不仅成功地应用于图像分类，而且
还在回归、维数约减、纹理建模、行为识别、运动建模、目标分割、信息检索、机器人、
自然语言处理、语音识别、生物医学、音乐生成、艺术和协同过滤等领域获得了广泛应用。

图 1-5 给出了深度学习的发展路线图。有趣的是当我们回顾过去，似乎大多数的理论
突破都已经在 20 世纪 80~90 年代完成。那么过去的 10 年里有什么改变呢？一个不太有争

议的看法是：**深度学习的成功在很大程度上是工程上的成功。**

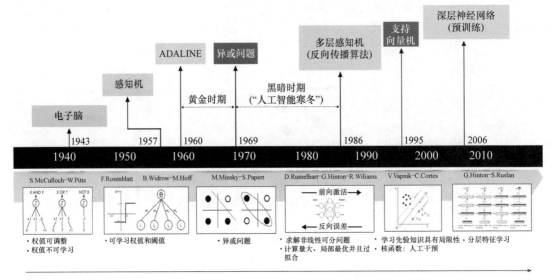

神经网络简史

图 1-5　深度学习的发展路线图

吴恩达曾经说过：**"如果将深度学习理论的发展视为引擎，那么快速的计算机、图形处理单元 (GPU) 的发展以及海量标记数据集的出现就是燃料。"**

事实上，GPU 处理图片的速度更快，在 10 年的时间内将计算速度提高了 1000 倍。

几乎在同一时间，大数据时代到来了。每天都能收集到数百万、数十亿甚至数万亿字节的数据。行业领袖们也在努力使深度学习利用他们收集到的海量数据。例如，百度公司拥有 5 万小时的语音识别训练数据，预计还将训练大约 10 万小时的数据。对于面部识别，训练了 2 亿张图片。由于大公司提供的数据规模在过去几乎是难以想象的，因此他们的参与极大地提升了深度学习和人工智能的潜力。

借助足够的训练数据和更快的计算速度，神经网络现在可以扩展到以前从未实现过的深层网络架构。一方面，新的理论方法、海量数据和快速计算的出现促进了深度学习的发展。另一方面，新工具、新平台和新应用的创建同时推动了学术的发展、更快和更强 GPU 的使用以及海量数据的收集。基于以上的良性循环，深度学习已经成为建立在以下支柱之上的一场革命：

- 各种格式（如图像、视频、文本、语音、音频等）的海量高质量标记数据集。
- 能够以并行或分布式方式进行快速浮点计算的功能强大的 GPU 单元和网络。
- 提出的新深层网络架构，如 AlexNet（Krizhevsky 等，2012）、Zeiler Fergus 网（Zeiler 等，2013）、GoogLeNet（Szegedy 等，2015）、Network in Network（Lin 等，2013）、VGG（Simonyan 等，2015）、ResNets（He 等，2015）、Inception 模块、Highway Network、MXNet、基于区域的 CNN（R-CNN，Girshick 等；Girshick，Fast R-CNN，2015；Ren 等，Faster R-CNN，2016）和生成对抗网络（Goodfellow

等，2014）等。

- 开源软件平台，如 TensorFlow、Theano 和 MXNet 等为开发人员或学者提供易于使用的低级或高级 API，以便他们能够快速实现和改进自己的想法和应用。
- 改善梯度消失问题的方法，如使用类似于 ReLU 的非饱和激活函数，而非 tanh 函数和 sigmoid 函数。
- 有助于避免过拟合的方法：
  - 新的正则化器，如保持网络稀疏的 Dropout、maxout 和批处理归一化等。
  - 允许训练更大网络而不过拟合或较小拟合的数据扩充方法。
- 健壮的优化器，如带冲量的随机梯度下降、RMSprop 和 ADAM 等随机梯度下降的改进算法有助于维持损失函数的每一个百分比。

1.3 为什么进行深度学习

目前为止，我们已经讨论了深度学习及其历史。但是为什么它现在如此受欢迎呢？本节将介绍深度学习相比于传统浅层方法的优势，以及它对几个技术领域的重大影响。

1.3.1 相比于传统浅层方法的优势

传统方法通常被视为浅层的机器学习，其通常要求开发人员对可能有帮助的特定输入特征或如何设计有效的特征有一些先验知识。另外，浅层学习通常只使用一个隐藏层，比如一个单层前馈网络。与之相反，深度学习被称为表示学习，其已经被证明能够很好地提取数据的非局部和全局关系或数据的结构信息。对于深度学习系统，可以直接输入非常原始的数据格式如原始图片和文本等，而不需提取图像的 SIFT 或 HOG 特征以及文本的 IF-IDF 向量。由于网络架构的深度，学到的数据表示形成了不同级别知识的一个层次结构。这种参数化的多层次计算图具有很强的代表性。浅层算法和深层算法具有明显不同的侧重点。浅层算法更多地关注特征工程和特征选择，而深度学习算法强调定义最有用的计算拓扑图（计算架构）以及正确有效的参数或超参数优化方法，以便使学到的数据表示具有良好的泛化能力。图 1-6 给出了深层和浅层架构的比较。显然，深层架构具有多个层次拓扑层。

与相对较浅的学习架构相比，深度学习算法能够更好地提取数据的非局部和全局关系以及数据模式。深度学习学到的抽象表示的其他有用特点包括：

- 能够探查大多数海量数据集，即便数据没有标签。
- 具备随训练数据增多而不断改进的优点。
- 能够从无监督或有监督的时空数据（如图像、语言和语音等）中自动提取分散式和层次数据表示。通常，当输入空间具有局部结构时，获得的数据表示是最好的。
- 从非监督数据抽取的数据表示能够广泛应用于不同的数据类型，如图像、纹理和音频等。
- 相对简单的线性模型可以有效地利用从更复杂和更抽象的数据表示中获得的知识。也就是说，通过提取高级特征，随后的学习模型可以相对简单。例如在线性建模的情况下，这可能有助于降低计算复杂度。

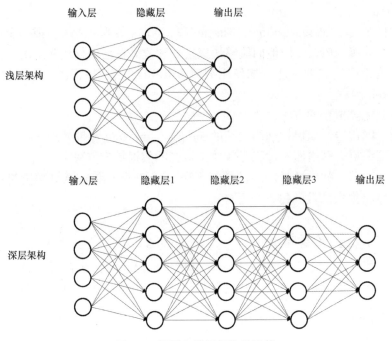

图 1-6　深层和浅层架构的比较

- 从原始数据的高层次抽象表示中能够获得关系和语义知识（Yoshua Bengio 和 Yann LeCun，2007，链接：https://journalofbigdata.Springeropen.com/articles/10.1186/s40537-014-0007-7）。
- 深层架构能够有效地表达特征。这听起来有点矛盾，但由于深度学习的分散式表示能力，这是一个很大的优点。
- 深度学习算法的学习能力与数据的大小成正比。也就是说，深度学习的性能随着输入数据的增加而提高。然而对于浅层或传统机器学习算法，正如图 1-7 所展示的那样，其在提供一定数量的数据后，性能会止步不前。

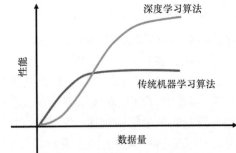

图 1-7　深度学习算法和传统机器学习算法的学习能力比较

1.3.2　深度学习的影响

为了展示深度学习的一些影响，下面来看看两个特殊的领域：图像识别和语音识别。

图 1-8 显示了过去几年中 ILSVRC 竞赛获胜者的 top-5 测试错误率走势。传统的图像识别方法采用人工设计的计算机视觉分类器，这些分类器在每个物体类别的多个特征实例（如 SIFT+Fisher 向量）上进行训练。2012 年，深度学习进入了这场竞争。多伦多大学的 Alex Krizhevsky 和 Hinton 教授采用深度卷积神经网络（AlexNet）将 top-5 测试错误率降低了大约 10%，这一结果震撼了图像识别领域。从那以后，排行榜一直被这种类型的方法及其变体所占据。到了 2015 年，top-5 测试错误率已经低于人类测试人员。

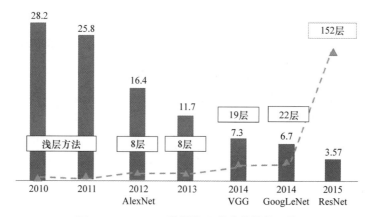

图 1-8　ImageNet 数据集上的分类性能比较

图 1-9 描述了近年来语音识别领域的进展。从图中可以看出，在 2000~2009 年期间，语音识别几乎没有任何进展。但自 2009 年以来，深度学习、大数据集和快速计算的参与大大促进了语音识别的发展。2016 年，**微软人工智能研究部门（MSR AI）** 的一个由研究人员和工程师组成的团队取得重大突破。该团队报告了一个**词错误率（WER）** 为 5.9% 的语音识别系统，其达到甚至超过了专业速记员的水平。换句话说，该技术可以像人一样识别对话中的单词。

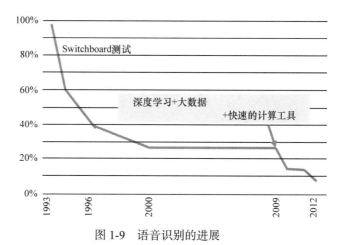

图 1-9　语音识别的进展

一个很自然的问题是，深度学习相比传统方法有什么优势？那就是拓扑结构决定其功能。但是为什么我们需要昂贵的深层架构呢？这真的有必要吗？我们要达到什么目的？事实证明有很多理论和经验证据支持多级表示。在下一节中，让我们深入了解深度学习的深层架构。

1.4　深层架构的动机

模型架构的深度是指在所学函数中非线性合成操作的层数。这些操作包括加权和、乘积、单神经元和核函数等。当前的大多数学习算法都对应于只有 1 层、2 层或 3 层的浅层架构。表 1-1 展示了一些浅层和深层算法的示例。

表 1-1　浅层和深层算法的示例

层数	算法示例	组别
1 层	Logistic 回归、最大熵分类器、感知机、线性支持向量机	线性分类器
2 层	多层感知机、基于核函数的支持向量机、决策树	通用近似器
3 层及以上	深度学习、提升决策树	紧通用近似器

当前主要存在两种观点用于理解深度学习的深层架构，即神经的观点和特征表示的观点。对于这两种观点，将逐一进行讨论。两者可能来源不同，但是合起来有助于更好地理解深度学习的机制和优势。

1.4.1　神经的观点

从神经的角度来看，学习的模型架构是受生物启发的。人脑有很深的结构，其中皮层似乎有一种通用的学习方法。给定的输入在多个抽象层次上被感知。每一层次对应于皮层的不同区域。可以通过多级转换和表示的分层方式处理信息。因此，需要先学习简单的概念，然后把它们组合在一起。这种理解的结构可以在人类的视觉系统中清晰地看到。正如图 1-10 所示，腹侧视觉皮层包括一组以越来越抽象的方式处理图像的区域，通过该区域能够从任意的二维视图中学习、识别和分类三维物体。从低到高的抽象层次依次为边缘、角点和轮廓、形状、物体部件、物体。

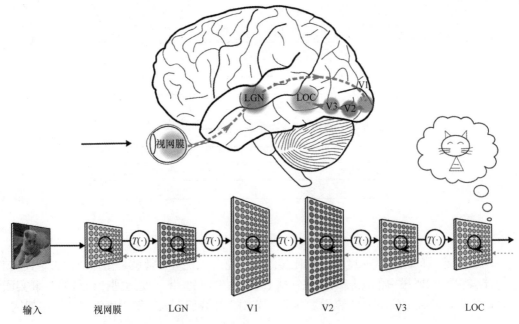

图 1-10　从视网膜到人类侧枕叶皮质区 (LOC) 的信号通路，LOC 最终识别出了物体。
Jonas Kubilius 已授权使用该图
（链接：https://neuwritesd.files.wordpress.com/2015/10/visual_stream_small.png）

1.4.2　特征表示的观点

对于大多数传统的机器学习算法来说，它们的性能很大程度上依赖于给定的数据表示。

因此，领域先验知识、特征工程和特征选择对于输出的性能是至关重要的。但是人工提取的特征缺乏应用于不同场景或应用领域的灵活性。此外，它们不是数据驱动的，不能适应于新的数据或信息。过去人们已经注意到，一旦提取或设计出了任务的正确特征集，使用简单的机器学习算法就可以解决许多人工智能任务。例如，说话者声道大小的估计是一个有用的特征，因为它是判断说话者是男人、女人还是孩子的一个强有力线索。不幸的是，对于许多任务和各种输入格式（如图像、视频、音频和文本等），很难知道应该提取什么样的特征，更不用说它们在当前应用之外的其他任务上的泛化能力了。为复杂的任务手工设计特征需要大量的领域知识、时间和努力。有时候，整个科研团体的研究人员需要花费几十年的时间才能在这方面取得进展。如果回顾计算机视觉领域就会发现，10 多年来研究人员一直受困于特征提取方法（如 SIFT 和 HOG 等）的局限性。当时大量的工作都涉及基于这些基本特征设计复杂的机器学习模式。特别是对于大规模复杂问题（如从图像中识别出 1000 种物体），研究进展非常缓慢。这就是设计自动、可扩展特征表示方法的强大动机。

该问题的一个解决方案是采用数据驱动型的方法，比如机器学习发现表示。这种表示在有监督情形下代表从表示到输出的映射，在无监督情形下简单地代表表示本身。这就是表征学习。与采用人工设计表示获得的结果相比，基于学习的表示通常能够产生较好的性能。这也使得人工智能系统在无需太多人工干预的情况下，就能快速适应新的领域。另外，整个科研团体进行人工特征设计需要花费很多的时间和精力。然而，通过使用表征学习算法，可以在几分钟内为一个简单任务自动地学习一组好的特征集。对于复杂的任务，学习时间可能为几个小时到几个月。

这就是深度学习的意义所在。鉴于当深层架构试图处理数据、学习和理解输入和输出之间的映射时，特征提取会自动发生。为此，深度学习可被看作是一种表征学习。由于人工设计的特征或特征提取算法缺乏准确性和泛化能力，因此通过深度学习获得的特征能够显著改进准确性和扩展性。

除了能够进行自动特征学习之外，深层架构学习到的表示还是分散式的并且具有层次结构。这种对中间表示的成功训练有助于不同任务之间的特征共享和抽象。

图 1-11 显示了深度学习与其他类型机器学习算法的关系。下一节将解释为什么分散和层次特性是重要的。

1. 分散式特征表示

分散式表示是密集的，其中每个学习到的概念由多个神经元同时表示，每个神经元代表一个以上的概念。换句话说，输入数据被表示在多个相互依赖的层上，每个层描述不同尺度级别或抽象级别的数据。因此，表示被分散在不同的层和多个神经元上。通过这种方式，网络拓扑结构捕获了两种类型的信息。一方面，对于每个神经元来说，它必须代表一些东西，所

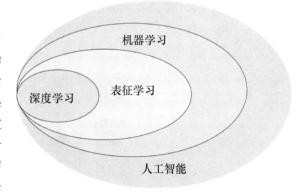

图 1-11 深度学习是表征学习的一种

以这就变成了一种局部表示。另一方面，所谓的分散意味着通过拓扑结构构建一个图的映射，并且这些局部表示之间存在着多到多的关系。当使用局部概念和神经元来表示整体时，这种联系捕捉到了相互作用和相互关系。与具有相同自由参数的局部表示法相比，这种分散式表示法有可能捕获指数级的变化。换句话说，它们可以将非局部泛化到未见的区域。因此，它们为达到更好的泛化提供了可能。这是因为学习理论表明，调整复杂度为 $O(B)$ 的有效自由度所需样本数 (达到期望的泛化性能) 的复杂度是 $O(B)$。这就是与局部表示法相比，分散式表示法的威力$^{\ominus}$。

为了便于理解，下面给出一个示例。假设需要表示三个单词，显然可以使用传统的 one-hot 编码（长度为 N），这在自然语言处理中经常使用。那么，采用长度为 N 的向量最多可以表示 N 个单词。只要数据具有成分结构，localist 模型就会非常低效。图 1-12 给出了形状集合的 one-hot 编码表示。

形状集合的分散式表示如图 1-13 所示。

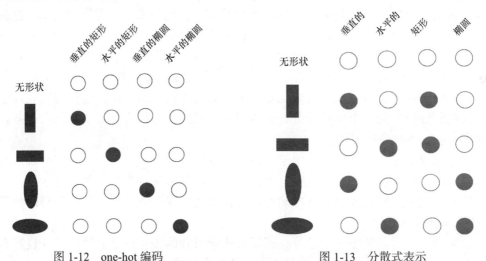

图 1-12　one-hot 编码　　　　　　　　图 1-13　分散式表示

如果想用类似于 one-hot 编码的稀疏表示法来表示一个新的形状，则必须增加特征向量的维数。但是分散式表示法的好处是可以使用现有的维数来表示一个新的形状。图 1-14 给出了使用分散式表示法表示圆和正方形的示例。

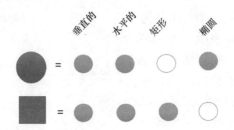

图 1-14　使用分散式表示法表示新的概念

　　⊖ http://www.iro.umontreal.ca/~pift6266/h10/note/mlintro.html).

因此,非互斥的特征或属性创建了一大组可区分的配置组合,并且可区分区域的数量与参数的数量几乎呈指数增长。

需要澄清的一个概念是分散式(distributed)和分布式(distributional)的区别。分散式可表示为多个元素中的连续激活水平。比如,采用密集的词嵌入向量表示单词,而非 one-hot 编码向量。

另一方面,分布式由使用的上下文进行表示。例如,Word2Vec 和基于计数的词向量都是分布式的。这是因为我们使用单词的上下文对其含义进行建模。

2. 层次特征表示

深层架构学习的特征从整体上捕捉了数据的局部关系和相互关系。所学的特征不仅是分散式的,而且表示还具有层次结构。从图 1-6 中的深层和浅层架构的比较可以看出:浅层架构具有更扁平的拓扑结构,而深层架构具有多个分层拓扑层。通过比较浅层架构与深层架构的典型结构,可以看到浅层架构通常是一个具有最多一层的扁平结构,而深层架构具有多个层,较高的层的输入是由较低的层合成的。图 1-15 通过一个更具体的示例展示了层次结构学习了哪些信息。

如图 1-15 所示,较低的层侧重于边缘或颜色,而较高的层通常更多地关注图像块、曲线和形状。这种表示法有效地捕获了来自各种粒度的部分和整体关系,并自然地解决多任务问题,比如边缘检测或部件识别。较低的层通常表示基本的信息,这些信息可以用于各种领域中的多个不同任务。例如,深度置信网络已经成功地应用于学习各种领域中的高层结构,这些领域包括手写数字和人体运动捕获数据等。表示的层次结构模仿了人类对概念的理解,即先学习简单概念,再通过将简单概念组合起来成功地构建出更复杂的概念。它也更易监控正在学习的内容,并引导机器到更好的子空间。如果将每个神经元看作一个特征检测器,那么深层架构就可以被看作是由层层排列的特征检测器单元组成的。较低的层检测简单的特征并将其输入到较高的层,这反过来又会检测到更复杂的特征。如果检测到该特征,则负责的一个或多个单元会产生大量的激活,这些激活可以被后面的分类器阶段拾取,作为类出现的良好指示。

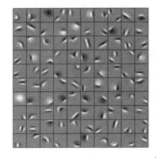 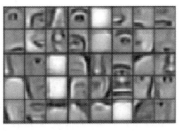 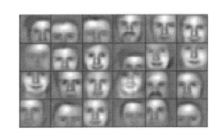

图 1-15　一个深度学习算法学到的层次特征示例

[图片来源于文献(Honglak Lee 等,2009)]

图 1-15 说明了每个特征都可被看作是一个检测器,它试图在输入图像上检测一个特定的特征(如斑点、边缘、鼻子或眼睛)。

13

1.5 应用

现在，我们对深度学习及其相对于传统机器学习方法的技术优势有了大致的了解。但是，在现实中如何从深度学习中获益呢？本节将介绍在许多领域的一些实际应用中，深度学习是如何产生巨大影响的。

1.5.1 盈利性应用

在过去的几年里，从事深度学习的研究人员和工程师的数量以指数速度增长。通过使用新的神经网络架构和先进的机器学习框架，深度学习在它所涉及的几乎每一个领域都有了新的突破。随着重要的硬件和算法的发展，深度学习已经彻底改变了整个行业，并在解决许多现实世界的人工智能和数据挖掘问题上取得了巨大的成功。

在各种各样的领域，包括图像识别、图像搜索、目标检测、计算机视觉、光学字符识别、视频分析、人脸识别、姿态估计 (Cao 等，2016)、语音识别、垃圾邮件检测、文本转语音或图像标注、翻译、自然语言处理、聊天机器人、定向在线广告服务、点击优化、机器人技术、能源优化、医学、艺术、音乐、物理、自动驾驶汽车、生物数据的数据挖掘、生物信息学（蛋白质序列预测、系统发育推理、多序列比对）大数据分析、语义索引、情感分析、网络搜索或信息检索、游戏（如 Atari⊖和 AlphaGo⊖）等，可以看到使用了深度学习框架的新的、盈利性应用在激增。

1.5.2 成功案例

本节将列举几个主要的应用领域及其成功案例。

在计算机视觉领域，图像识别或物体识别是指利用图像或图像块作为输入并预测图像或图像块所包含内容的任务。例如，图像可以标记为狗、猫、房屋和自行车等。过去，研究人员一直致力于如何设计好的特征来处理具有挑战性的问题，如尺度不变性和方向不变性等。其中，一些著名的特征描述子有 Haar-like、**梯度方向直方图 (HOG)**、**尺度不变特征变换 (SIFT)** 和**加速鲁棒性特征 (SURF)**。虽然人类设计的特征擅长于某些任务，如用于人类检测的 HOG，但它们还远没有达到理想水平。

直到 2012 年，深度学习凭借其在 **ImageNet** 大规模视觉识别挑战赛 **(ILSVRC)** 上的巨大成功震撼了这个领域。在那场竞赛中，由 Alex Krizhevsky、Ilya Sutskever 和 Hinton 教授开发的 CNN（通常称为 AlexNet，见图 1-16）以惊人的 85% 的准确率赢得了第一名——比第二名的算法高出 11%！ 2013 年，所有获胜团队全部采用深度学习。到了 2015 年，基于 CNN 的多个算法已经获得了超过 95% 的人类识别率。具体细节可以在文献（He 等，Delving Deep into Rectifiers: Surpassing Human-Level Performance on ImageNet Classification，2015）中看到。

⊖ http://karpathy.github.io/2016/05/31/rl/.

⊖ https://deepmind.com/research/alphago/.

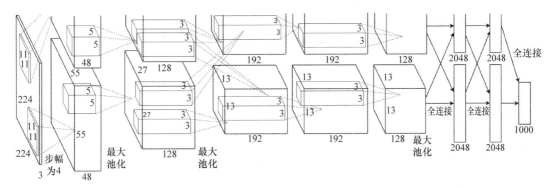

图 1-16　AlexNet 的网络架构。AlexNet 具有两个分支流，这是因为训练过程在当时来说计算成本太高，
所以不得不将训练分配到两个 GPU 中

在计算机视觉的其他领域，深度学习也展现了惊人和有趣的模仿人类智能的能力。例如，深度学习不仅可以准确地识别图片中的各种元素 (并定位它们)，而且其还可以理解诸如人之类的感兴趣领域，并将单词和短语组织成句子，以描述图片中正在发生的事情。欲了解更多详情，可参考 Andrej Karpathy 和李飞飞的工作⊖。他们训练了一个深度学习网络用来识别几十个有趣的区域和物体，并用正确的英语语法描述了图片中的主题和运动。这包括对图像信息和语言信息进行训练，以便在它们之间建立正确连接。

作为前述工作的进一步改进，Justin Johnson、Andrej Karpathy 和李飞飞在 2016 年发表了一篇新的论文《DenseCap: Fully Convolutional Localization Networks for Dense Captioning》。他们在论文中提出的**全卷积定位网络（FCLN）**架构可以定位并以自然语言描述图像中的显著区域。下面的图 1-17 给出了一些示例。

最近，基于注意力的神经编码器 - 解码器框架已经被广泛地应用于图像标注，其中具有视觉哨兵的新型自适应注意力模型已被合并到编码器 - 解码器框架并且获得了较好的性能。具体细节可参考论文《Knowing When to Look: Adaptive Attention via A Visual Sentinel for Image Captioning》。

2017 年初，谷歌大脑团队的 Ryan Dahl 等提出了一个名为**像素递归超分辨率**的深度学习网络。给定低分辨率的人脸输入图像，该网络能够显著提高其分辨率。像素递归超分辨率网络可以预测每个人脸最可能的样子。例如在图 1-18 中，左列是初始的 8×8 输入照片，可以发现中间的预测结果非常接近右列的真实图片。

在搜索引擎的语义索引领域，考虑到深度学习的自动化特征表示优势，现在可以以更有效和更有用的方式表示各种格式的数据。除了提高速度和效率之外，这提供了强大的知识发现和理解来源。**微软音频视频索引服务（MAVIS）**就是一个使用深度学习进行语音识别的示例，其可以使用语音搜索音频和视频文件。

在**自然语言处理（NLP）**领域，词或字符表示学习 (如 Word2Vec) 和机器翻译是很好的实例。事实上，在过去的两三年里，深度学习几乎取代了传统的机器翻译。

⊖ http://cs.stanford.edu/people/karpathy/ deepimagesent/.

arched doorway in front of building. arched doorway with arched doorway. people walking on the sidewalk. a large stone archway. a tree with green leaves. an old stone building. a building with a clock. an arched doorway. a tree with no leaves. clock on the building. a bush in the background. a man walking down the sidewalk. a woman walking on the sidewalk. brick building with brick.

trees behind the zebra. head of a zebra. a side view mirror. two zebras standing in a field. a tree with no leaves. the zebras ears are black. a tree with a zebra. a tree with no leaves. a car in the mirror. side view mirror on a car. black and white mane of zebra. a zebra is outside.

a man on a skateboard. man riding a bicycle. orange cone on the ground. man riding a bicycle. two people riding a skateboard. red helmet on the man. skateboard on the ground. white shirt with red and white stripes. orange and white cone. trees are behind the people.

yellow and black train. train on the tracks. a tall light pole. a clear blue sky. train on the tracks. a tall light pole. a blue sky with no clouds. people walking on the sidewalk. a building with a lot of windows. grass growing on the ground.

图 1-17　深度学习网络为图片中的显著区域生成自然语言描述
（更多的例子可以参考项目页：https://cs.stanford.edu/people/karpathy/densecap/）

　　机器翻译是一种自动翻译，其通常是指基于统计推理的系统。该系统为不同语言之间的语音或文本提供了更流畅但不一致的翻译。在过去，主流的机器翻译方法是从一个替代语言专家的大型语料库中学习翻译规则的统计技术。虽然这种情况克服了数据获取瓶颈，但是仍然存在许多挑战。比如，人工制作的特征可能并不理想，因为它们不能涵盖所有可能的语言变化。由于全局特征难以使用，翻译模块在很大程度上依赖于预处理步骤：词对齐、词分割、词语切分、规则抽取和句法分析等。深度学习的最新发展为这些挑战提供了解决方案。机器翻译器通过一个通常称为**神经机器翻译 (NMT)** 的大型神经网络进行翻译。

本质上，机器翻译是一个序列到序列的学习问题，其中神经网络的目标是学习一个参数化函数 $P(y_T|x_{1..N}, y_{1..T-1})$。该函数能够把输入序列或源语句映射到输出序列或目标语句。映射函数通常包括编码和解码两个阶段。编码器将源序列 $x_{1..N}$ 映射到一个或多个向量，以产生隐状态表示。解码器使用源序列向量表示和先前预测的符号，逐符号预测目标序列 $y_{1..M}$。

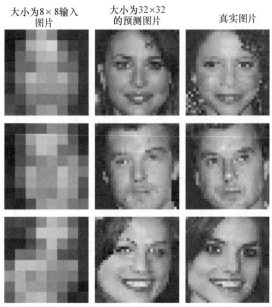

大小为8×8输入图片　　大小为32×32的预测图片　　真实图片

图 1-18　采用深度学习算法的图像超分辨示例。
左列：输入的低分辨率图像，中间列：网络的预测图像，右列：真实图像
（图片来自文献：Ryan Dahl，Mohammad Norouzi，Jonathon Shlens，Pixel Recursive Super Resolution，ICCV 2017）

如图 1-19 所示，这个类花瓶形状的模型架构在中间的隐藏层中产生了良好的表示或嵌入。

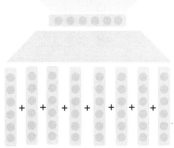

May I have a cup a coffee?

请　给　我　一杯咖啡　好　吗　？

图 1-19　中文翻译成英文的一个示例

然而众所周知的是，NMT 系统在训练和翻译推理方面计算量都非常大。另外，大多数 NMT 系统都难以使用罕见词。最近的一些改进包括注意力机制 (Bahdanau 等，2014)、子词

级模型 (Sennrich 等，2015)、字符级翻译以及损失函数的改进 (Chung 等，2016)。2016 年，谷歌推出了自己的 NMT 系统致力于解决众所周知的困难语言对——中英，并试图克服上述缺点。

谷歌的 NMT 系统 (GNMT) 每天进行大约 1800 万次的中英翻译。GNMT 的生产部署建立在公开可用的机器学习工具包 TensorFlow⊖和 Google 的**张量处理单元 (TPU)** 之上。后者提供了足够的计算能力来部署这些强大的 GNMT 模型，同时满足严格的延迟要求。GNMT 模型本身是一个具有 8 个编码器和 8 个解码器层的深度 LSTM 模型，同时使用注意力机制和残差连接。在 WMT'14 英法和英德基准数据集上，GNMT 取得了有竞争力的结果。通过对一组孤立的简单句子进行人工并行评估，GNMT 与谷歌的基于短语的生产系统相比平均减少了 60% 的翻译错误。若读者想了解 GNMT 的更多细节，可以参考他们的科技博客⊖或论文（Wu 等，2016）。图 1-20 展示了深度学习系统对每种语言的改进。从图中可以看到，**法文到英文的翻译**几乎达到了人类的水平。

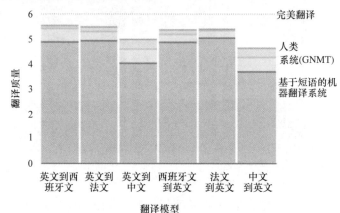

图 1-20　谷歌 NMT 系统的翻译性能（谷歌博客⊖已授权使用该图）

2016 年，谷歌和百度分别发布了 **WaveNet**⊛和 deep speech，两者都是自动生成语音的深度学习网络。这些系统学会自己模仿人类的声音，并随着时间的推移而不断改进，而听众将越来越难以听出它们与真人声音的区别。为什么这个很重要？在过去，尽管 Sir⑤和 Alexa⑥可以很好地交谈，但是 text2voice 系统大多是人工训练的，其不是以完全自治的方式创建新声音。

虽然在计算机能够像人类一样说话之前还有一些差距，但是可以肯定距离实现自动语音生成更近了一步。此外，深度学习在音乐创作和从视频中产生声音方面表现出了令人印象深刻的能力。例如，2015 年 Owens 等的论文《Visually Indicated Sounds》。

⊖　https：//www.tensorflow.org/.

⊖　https://research.googleblog.com/2016/09/a-neural-network-for- machine.html.

⊜　https://research.googleblog.com/2016/09/a-neural-network-for-machine.html.

㉤　https://deepmind.com/blog/wavenet-generative-model-raw-audio/.

⑤　https://www.wikiwand.com/en/Siri.

⑥　https://www.wikiwand.com/en/Amazon_Alexa.

在自动驾驶汽车领域，包括从感知到定位，再到路径规划，深度学习都得到了广泛应用。在感知方面，深度学习常被用来检测车辆和行人，比如用单发多盒检测器（Liu 等，2015）或 YOLO 实时目标检测（Redmon 等，2015）。人们还可以通过深度学习来了解汽车所见到的场景，比如 SegNet（Badrinarayanan，2015）把场景分割成具有语义的图像块（如天空、建筑物、杆、道路、围栏、车辆、自行车和行人等）。在定位方面，深度学习可以用来进行测距，比如 VINet（Clark 等，2017）可以估计车的精确位置及其姿态（如偏航角、俯仰角和滚转角）。对于路径规划，其通常形式化为一个优化问题。深度学习，特别是强化学习，也可以应用于路径规划。比如，Shalev Shwartz 与其合作者的工作（Safe,Multi-Agent, Reinforcement Learning for Autonomous Driving,2016）。除了应用于自动驾驶流程中的不同阶段以外，深度学习也可用来进行端到端的学习，以便把摄像头获取的原始像素映射为驾驶命令（Bojarski 等，2016）。

1.5.3 面向企业的深度学习

企业要想利用深度学习的力量，首要的问题是如何选择问题来解决？吴恩达在一次采访中谈到了自己的见解，其经验法则是：

"任何一个典型的人类都需要用 1s 的思考时间才能完成的任务，我们现在或者很快就可以用人工智能实现自动化。"

如果环顾四周，我们可以很容易地发现：如今的公司，无论大小，都已经用令人印象深刻的性能和速度，将深度学习应用到生产中。想想谷歌、微软、Facebook、苹果、亚马逊、IBM 和百度。事实证明，我们每天都在使用基于深度学习的应用和服务。

现在，谷歌可以使用多个标签和描述为上传的图片添加标题。它的翻译系统几乎和人工翻译的一样好。它的图像搜索引擎可以通过图像查询或基于语言的语义查询返回相关的图像。项目 Sunroof⊖一直在帮助房主们探讨他们是否应该使用太阳能——为 42 个州的 4300 多万个房屋提供太阳能估算。

苹果正在努力投资机器学习和计算机视觉技术，包括 iOS 上的 CoreML 框架、Siri、iOS 上的增强现实平台 ARKit 以及包括自动驾驶汽车应用在内的自治解决方案。

Facebook 现在可以自动标记你的朋友了。微软的研究人员不仅以比人工注释更好的性能赢得了 ImageNet 竞赛，而且其改进的语音识别系统现在已经超越了人类。

行业领先的企业也以某种方式贡献了他们的大型深度学习平台或工具。例如，谷歌的 TensorFlow、亚马逊的 MXNet、百度的 PaddlePaddle 以及 Facebook 的 Torch。就在最近，Facebook 和微软推出了一个新的可互换 AI 框架的开放生态系统。所有这些工具包都为神经网络提供了有用的抽象：n 维数组（张量）例程、不同线性代数后端（CPU/GPU）的简化使用以及自动微分。

由于具有如此多的资源和良好的商业模式，可以预见的是：深度学习从理论发展到实际行业实现的过程将随着时间的推移而缩短。

⊖ https://www.google.com/get/sunroof.

1.6　未来的潜力和挑战

尽管深度学习有着令人兴奋的过去和充满希望的前景，但其挑战依然存在。当我们打开潘多拉的人工智能盒子时，其中的一个关键问题是：我们要去哪里，它能做什么？这个问题已经被来自不同背景的人回答。在对吴恩达的一次采访中，他提出了自己的观点，即今天的人工智能正在快速地发展，但直到人工智能达到人类的表现水平，这种势头才会放缓。图 1-21 展示了这一发展趋势。这主要有三个原因：人类所做事情的可行性、大量的数据以及称作洞察力的独特人类能力。不过，"有一天人工智能会超越人类，并且可能在许多领域取代人类。"听起来令人印象非常深刻，也许有点可怕。

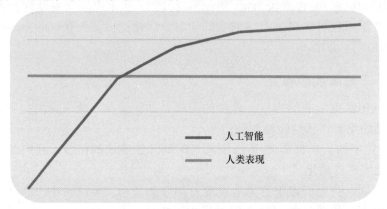

图 1-21　当人工智能超越人类后，发展放缓

关于人工智能存在两种主流观点：积极的和消极的。Paypal、SpaceX 和特斯拉的创始人埃隆·马斯克有一天评论道：

"机器人会比我们做得更好，人们应该真正关注它。"

但现在，大多数人工智能技术只能在某些领域做有限的工作。与人们生活中的成熟表现相比，深度学习领域中有更多的挑战。到目前为止，深度学习的大部分进展都是通过探索各种网络架构来实现的，但我们仍然缺乏对深度学习取得如此成功的原因和方式的基本理解。另外，关于为什么以及如何选择结构特征，以及如何有效地调整超参数的研究还比较少。目前的大多数方法仍然是基于验证或交叉验证，这远远不是理论基础，更多的是实验和临时的安排 (Plamen Angelov 等，2016)。从数据源的角度来看，如何处理快速移动的流数据、高维数据、序列 (如时间序列、音频和视频信号及 DNA 等) 形式的结构化数据、树 (如 XML 文档、解析树和 RNA 等) 和图 (如化合物、社交网络和图像的组件等) 仍在开发中。特别是在涉及这些数据的计算效率时。

此外，还需要进行多任务统一建模。正如谷歌 DeepMind 的研究科学家 Raia Hadsell 总结的那样：

"世界上没有神经网络，也没有任何方法可以训练来识别物体和图像、玩太空入侵者以及听音乐。"

到目前为止，许多训练的模型只擅长于一两个领域，如识别人脸、汽车、人类行为或理解语音，这远远不是真正的人工智能。一个真正的智能模块不仅能够处理和理解多源输入，而且能够对各种任务或任务序列做出决策。如何最好地将从一个领域学到的知识应用到其他领域并迅速适应的问题仍然没有答案。

尽管过去已经提出了诸如梯度下降或随机梯度下降、Adagrad、AdaDelta 或 Adam（自适应矩估计）等许多优化方法，但是一些已知的弱点，如局部最小值陷阱、性能低下和运算时间长等仍然存在于深度学习中。该方向的新研究将对深度学习的性能和效率产生重要影响。看看全局优化技术是否可以用来帮助深度学习解决上述问题将是很有趣的。

最后但并非最不重要的一点是，在迄今尚未受益的领域应用深度学习或甚至开发新型深度学习算法时，可能面临更多的是机会而不是挑战。从金融到电子商务，从社交网络到生物信息学，在利用深度学习的兴趣方面我们看到了巨大增长。在深度学习的推动下，我们看到应用、创业和服务正以更快的速度改变着我们的生活。

1.7 小结

本章全面介绍了深度学习和人工智能的高级概念。随后谈论了深度学习的历史、起伏以及最近的兴起。在此基础上，深入探讨了浅层算法与深层算法的区别。并且特别讨论了理解深度学习的两个方面：神经的观点和特征表示学习的观点。然后，给出了在各种领域的几个成功应用。最后，讨论了深度学习仍然面临的挑战以及基于机器的人工智能的潜在前景。

在下一章中，将指导读者如何搭建开发环境，并开始动手实践。

第 2 章
为深度学习做准备

由于**人工神经网络（ANN）**在计算机视觉、**自然语言处理（NLP）**和语音识别等人工**智能（AI）**应用中取得的最新成就，深度学习技术已经成为现实世界中大多数实现的重要技术基础。本章旨在为如何在现实世界中尝试和应用深度学习技术提供一个入门指导。

下面将回答一个关键问题，即需要哪些技能和概念才能着手学习深度学习。本章将专门回答以下问题：

- 需要哪些技能才能理解和着手学习深度学习？
- 深度学习需要的线性代数核心概念有哪些？
- 深度学习系统的实际实现具有哪些硬件要求？
- 现在有哪些软件框架可以让开发人员轻松地开发他们的深度学习应用？
- 如何在基于云的**图形处理单元（GPU）**实例（如 AWS）上建立深度学习系统？

2.1 线性代数的基础知识

深度学习需要的最基本技能之一是对线性代数的基本理解。线性代数本身是一个庞大的学科，完整地涵盖它并不在本书的讨论范围之内，本章只讨论了线性代数的一些重要方面。希望这能让读者充分了解一些核心概念，以及它们如何与深度学习方法相互作用。

2.1.1 数据表示

本节将讨论在不同的线性代数任务中最常用的核心数据结构和表示。这并不是一份全面的清单，只是为了突出一些对理解深度学习概念有用的重要表示：

- **向量**：线性代数中最基本的表示形式之一是向量。向量可以定义为对象数组，或者更具体地说，是保存数字顺序的数字数组。每个数字都可以根据其索引位置在向量中进行访问。例如，假设向量 x 包含一周 7 天，每天的编码为 1~7，其中 1 表示星期天，7 表示星期六。使用这个符号，一周中的某一天，例如星期三，可以直接从向量中通过 x [4] 进行访问：

$$x = \begin{bmatrix} x_1 \\ x_2 \\ \cdot \\ \cdot \\ \cdot \\ x_n \end{bmatrix}$$

- **矩阵**: 这是数字的二维表示，或者说是向量的向量。每个矩阵 m 由 r 行和 c 列组成。每一个第 i 行，其中 $1 <= i <= r$，是由 c 个数字组成的向量。每一个第 j 列，其中 $1 <= j <= c$，是一个由 r 个数字组成的向量。当处理图像时，矩阵是一个特别有用的表示。虽然现实世界中的图像是三维的，但是大多数计算机视觉问题都集中在图像的二维表示上。因此，矩阵表示是图像的直观表示：

$$\begin{bmatrix} A_{1,1} & A_{1,2} \\ A_{2,1} & A_{2,2} \end{bmatrix}$$

- **单位矩阵**: 单位矩阵被定义为一个矩阵，当其与一个向量相乘时，结果向量与以前的向量相同。通常，一个单位矩阵除主对角线全为 1 外，所有的元素都为 0：

$$\begin{bmatrix} 1 & 0 & 0 \\ 0 & 1 & 0 \\ 0 & 0 & 1 \end{bmatrix}$$

2.1.2 数据操作

本节将介绍应用于矩阵的一些最常见变换。

- **矩阵转置**: 矩阵转置是一种简单地沿着矩阵主对角线反射矩阵的矩阵转换。它在数学上的定义如下：

$$(A^{\mathrm{T}})_{i,j} = A_{j,i}$$

$$A = \begin{bmatrix} A_{1,1} & A_{1,2} \\ A_{2,1} & A_{2,2} \\ A_{3,1} & A_{3,2} \end{bmatrix} \Rightarrow A^{\mathrm{T}} = \begin{bmatrix} A_{1,1} & A_{2,1} & A_{3,1} \\ A_{1,2} & A_{2,2} & A_{3,2} \end{bmatrix}$$

- **矩阵乘法**: 矩阵乘法是最基本的运算之一，可以应用于任意两个矩阵。大小为 $A_r \times A_c$ 的矩阵 A，可以乘以另一个大小为 $B_r \times B_c$ 的矩阵 B，当且仅当 $A_c = B_r$。结果矩阵 C 的大小为 $A_r \times B_c$。乘法运算的定义如下：

$$C_{i,j} = \sum_k A_{i,k} B_{k,j}$$

矩阵乘法通常具有非常有用的性质。例如，矩阵乘法满足分配律：

$$A(B+C) = AB + AC$$

矩阵乘法也满足结合律：

$$A(BC) = (AB)C$$

矩阵乘法的转置也有一个非常简单的形式：

$$(AB)^{\mathrm{T}} = B^{\mathrm{T}} A^{\mathrm{T}}$$

矩阵乘法不可交换，这意味着 $A \times B \neq B \times A$。但是，两个向量之间的点积是可交换的：

$$x^{\mathrm{T}} y = y^{\mathrm{T}} x$$

2.1.3 矩阵属性

本节将讨论一些重要的矩阵属性，它们对于深度学习的应用非常有帮助。

- **范数**：范数是向量或矩阵的一个重要属性，用于度量向量或矩阵的大小。在几何上，它也可以解释为点 x 与原点的距离。因此 L_p 范数定义如下：

$$\|x\|_p = \left(\sum_i |x_i|^p \right)^{\frac{1}{p}}$$

尽管范数可以针对 p 的各种阶数进行计算，但已知最常用的范数是 L_1 和 L_2。L_1 范数通常被认为适合于稀疏模型：

$$\|x\|_1 = \sum_i |x_i|$$

深度学习领域中另一个常用的范数是无穷范数，也称为 L_∞。这等价于向量取绝对值后中的最大元素值：

$$\|x\|_\infty = \max_i |x_i|$$

到目前为止，所有前面提到的范数都适用于向量。当想计算一个矩阵的大小时，可以使用 Frobenius 范数，其定义如下：

$$\|A\|_F = \sqrt{\sum_{i,j} A_{i,j}^2}$$

范数通常用来直接计算两个向量的点积：

$$x^T y = \|x\|_2 \|y\|_2 \cos(\theta)$$

- **迹**：迹是一个运算符，它被定义为矩阵中所有对角线元素的和：

$$Tr(A) = \sum_i A_{i,i}$$

迹算子在计算矩阵的 Frobenius 范数时非常有用，计算公式如下：

$$\|A\|_F = \sqrt{Tr(AA^T)}$$

迹算子的另一个有趣性质是它不受矩阵转置操作的影响。因此，它经常被用来操纵矩阵表达式以便产生有意义的恒等式：

$$Tr(A) = Tr(A^T)$$

- **行列式**：矩阵的行列式是标量值，它是矩阵所有特征值的乘积。行列式在线性方程组的分析和求解方面极其有用。例如，根据克莱姆法则，一个线性方程组具有唯一的解，当且仅当由该线性方程组组成的矩阵的行列式为非零值。

2.2 使用 GPU 进行深度学习

顾名思义，深度学习涉及学习更深层的数据表示，这需要巨大的运算能力。在现代的 CPU 中，这种巨大的运算能力通常是不可能的。另一方面，GPU 非常适合这类任务。GPU 最初是为实时渲染图形而设计的。典型的 GPU 允许不按比例设计大量的**算术逻辑单元**

(ALU)，这使得它们能够实时地处理大量的计算。

用于通用计算的 GPU 具有很高的数据并行架构，这意味着它们可以并行处理大量的数据点，从而提高了计算吞吐量。每个 GPU 由数千个内核组成。每个这样的内核由许多功能单元组成，其中包含高速缓存和 ALU 等模块。每个功能单元都执行完全相同的指令集，因此允许在 GPU 中进行大规模数据并行。下一节将对 GPU 和 CPU 的设计进行比较。

表 2-1 说明了 CPU 与 GPU 设计之间的差异。如表 2-1 所示，GPU 被设计为执行大量的线程，这些线程被优化以执行相同的控制逻辑。因此，每个 GPU 内核在设计上都相当简单。另一方面，CPU 被设计为使用较少的内核，但更通用。它们的基本内核设计能够处理高度复杂的控制逻辑，这在 GPU 中通常是不可能的。因此，CPU 可以被看作是一个通用处理单元，而 GPU 却是专用处理单元。

表 2-1　CPU 与 GPU 在设计上的比较

GPU	CPU
大量的简单内核	少数的复杂内核
高级的多线程优化	单线程优化
适合专用计算	适合通用计算

在相对性能比较方面，GPU 在执行高数据并行操作方面的延迟要比 CPU 低得多。如果 GPU 具有足够的设备内存来加载峰值负荷计算所需的所有数据，这一点则尤其正确。然而，就相等数目的内核比较来说，CPU 的延迟要低得多。这是因为每个 CPU 内核要复杂得多，并且拥有高级的状态控制逻辑，而 GPU 的状态控制逻辑却很简单。

因此，算法的设计对使用 GPU 与 CPU 的潜在优势有很大的影响。表 2-2 概括了什么算法是进行 GPU 实现的最佳选择。Erik Smistad 及其合作者概括了 5 个不同的因素——数据并行性、线程数量、分支发散、内存使用量和同步，这些因素决定了算法是否适合使用 GPU。

表 2-2 说明了所有这些因素对使用 GPU 的适用性的影响。如表 2-2 所示，"**高**"列下的任何算法都比其他列下的算法更适合使用 GPU。

表 2-2　影响 GPU 计算的因素

	高	中	低
数据并行性	几乎整个方法都可以数据并行[1]（75%~100%）	方法的一半以上可以数据并行（50%~75%）	方法不能或最多一半可以数据并行（0%~50%）
线程数量	线程数量等于或多于图像中像素的数量除以 GPU 中体素的个数	几千个线程	线程数量低于 1000
分支发散	10% 以上的 AUE[2] 出现了分支发散，并且分支中代码的复杂度很高	低于 10% 的 AUE 出现了分支发散，但是分支中代码的复杂度很高	分支中代码的复杂度很低
内存使用量	多于 5N[3]	2N~5N	等于或低于 2N
同步	执行全局同步 100 次以上。迭代方法尤其如此	执行全局同步的次数在 10~100 之间	仅执行少量的全局或局部同步

注：该表来源于 Dutta Roy 等，网址链接：https://medium.com/@taposhdr/gpu-s-have-become-the-new-core-for-image-analytics-b8ba8bd8d8f3。

[1] 数据并行：一个算法可以在多个数据元素上并行地执行相同的指令才能称其为数据并行。

[2] AUE：AUE 是在同一个内核中的线程处理器上以原子方式执行的线程组。英伟达公司称其为 wraps，而 AMD 公司称其为 wavefronts。

[3] N 表示图像中像素的总数除以 GPU 中体素的个数。

2.2.1 深度学习硬件指南

在为深度学习应用开发设置自己的硬件时，还有其他几件重要的事情需要注意。本节将概述 GPU 计算的一些最重要的方面。

1. CPU 内核

大多数深度学习应用和库都使用单核 CPU，除非它们在类似**消息传递接口（MPI）**、MapReduce 或 Spark 这样的并行化框架中使用。例如，Yahoo！的团队 **CaffeOnSpark**⊖采用 Spark 与 Caffe 在多个 GPU 和 CPU 上进行并行化网络训练。在单个框架中的大多数常规设置中，一个 CPU 内核足够用于深度学习应用开发。

2. CPU 高速缓存大小

CPU 高速缓存大小是用于高速计算的重要 CPU 组件。CPU 高速缓存通常组织为从 L1 到 L4 的高速缓存层的层次结构，其中 L1 和 L2 是更小且更快的高速缓存层，而 L3 和 L4 是更大且更慢的高速缓存层。在理想的设置中，应用所需的每一个数据都驻留在高速缓存中，因此不需要从内存中读取数据，从而使整体操作更快。

然而，对于大多数深度学习应用来说，上述情况几乎不可能出现。例如，对于批处理大小为 128 的典型 ImageNet 实验，需要超过 85MB 的 CPU 高速缓存来存储一个小批量的所有信息。因为这些数据集不能小到仅仅放在高速缓存中，所以读取内存是无法避免的。因此，现代 CPU 高速缓存的大小对深度学习应用的性能几乎没有影响。

3. 内存大小

正如在本节中所看到的，大多数深度学习应用都是直接从内存而不是 CPU 高速缓存读取的。因此，通常建议 CPU 的内存与 GPU 的内存一样大，条件允许的话可以更大。

GPU 内存的大小取决于深度学习模型的大小。例如，基于 ImageNet 的深度学习模型有大量的参数，这些参数需要 4~5 GB 的存储空间，因此具有至少 6 GB 内存的 GPU 是适合这种应用的理想选择。与至少 8 GB 内存或更多内存的 CPU 一起使用将允许应用开发人员专注于应用的关键方面，而不是调试内存性能问题。

4. 硬盘

典型的深度学习应用需要数百 GB 的大量数据。由于无法在任何内存中载入此数据，因此需要构建一个正在进行的数据管道。深度学习应用从 GPU 内存中加载小批量数据，而 GPU 内存则会继续读取来自 CPU 内存中的数据，后者直接从硬盘中加载数据。由于 GPU 有大量的内核，而且每个内核都有小批量的数据，因此它们需要不断地从磁盘读取大量数据，以实现高数据并行性。

例如，在 AlexNet 的**卷积神经网络 (CNN)** 模型中，每秒需要读取大约 300 MB 的数据。这通常会削弱整个应用的性能。因此，**固态硬盘 (SSD)** 通常是大多数深度学习应用开发人员的正确选择。

⊖ https://github.com/yahoo/CaffeOnSpark.

5. 冷却系统

现代的 GPU 是节能的，并且具有防止过热的内置机制。例如，当 GPU 增加速度和功率消耗时，它的温度也会上升。通常在 80℃ 左右，GPU 的内置温度控制功能会启动，这会降低它的速度从而自动冷却 GPU。在这个过程中真正的瓶颈是风扇速度的预编程调度设计不佳。

对于典型的深度学习应用，在应用的前几秒内 GPU 的温度就会达到 80℃，从而一开始就会降低 GPU 的性能，并导致较差的 GPU 吞吐量。更复杂的是，大多数现有的风扇调度选项在 Linux 操作系统中都不可用，而当今大多数深度学习应用都工作在 Linux 操作系统下。

现在有很多措施可以缓解这个问题。一种措施是使用修改后的风扇调度程序升级**基本输入 / 输出系统（BIOS）**，这样可以提供过热和性能之间的最佳平衡。另一种措施是使用类似水冷系统的外部冷却系统。但是，此选项主要适用于运行多个 GPU 服务器的 GPU farms。此外，外部冷却系统也有点贵，因此成本也成为为应用选择正确冷却系统的重要因素。

2.3 深度学习软件框架

每一个好的深度学习应用都需要有几个组件才能正常运行。这些组件包括：

- 模型层，允许开发人员以更大的灵活性设计自己的模型。
- GPU 层，使应用开发人员在开发应用时可以无缝地在 GPU/CPU 之间进行选择。
- 并行化层，允许开发人员扩展自己的应用以便在多个设备或实例上运行。

可以想象，实现这些模块并不容易。通常，开发人员需要花费更多的时间来调试实现问题，而不是合理的模型问题。值得庆幸的是，当今业界存在许多软件框架，这使得深度学习应用开发实际上成为其编程语言的第一堂课。

这些框架在架构、设计和功能上各不相同，但几乎所有这些框架都为开发人员提供了巨大的价值，为他们的应用提供了简单而快速的实现框架。本节将讨论一些流行的深度学习软件框架以及它们之间的比较。

2.3.1 TensorFlow

TensorFlow 是一个使用数据流图进行数值计算的开源软件库，其由谷歌公司设计和开发。TensorFlow 将完整的数据计算表示为一个流程图。图中的每个节点都可以表示为数学算子。连接两个节点的边表示在两个节点之间流动的多维数据。

TensorFlow 的主要优点之一是其支持 CPU 和 GPU 以及移动设备，从而使开发人员几乎可以无缝地编写针对任何设备架构的代码。TensorFlow 还有一个非常大的开发人员社区，这为框架的发展注入了巨大动力。

2.3.2 Caffe

Caffe 是**伯克利人工智能研究** (Berkeley Artificial Intelligence Research，BAIR) 实验室设计和开发的。它的设计考虑了表达、速度和模块化。它有一个富有表现力的架构，其允许采用可配置的方式定义模型和优化参数，而不需要编写任何附加的代码。这种配置只需更改一个标志就允许在 CPU 模式和 GPU 模式之间进行轻松切换。

在速度方面，Caffe 也拥有良好的性能基准数据。例如，在单个英伟达 K40 GPU 上，Caffe 每天可以处理 6000 万张以上的图像。Caffe 还有一个强大的社区，从学术研究人员到跨越了异构应用栈的工业研究实验室都使用 Caffe。

2.3.3　MXNet

MXNet 是一个多语言机器学习库。它提供了两种计算模式：

- **命令模式**：此模式公开一个接口，非常类似于常规的 NumPy API。例如，要使用 MXNet 在 CPU 和 GPU 上构建一个零张量，可以使用以下代码块：

```
import mxnet as mx
tensor_cpu = mx.nd.zeros((100,),ctx=mx.cpu())
tensor_gpu = mx.nd.zeros((100,),ctx=mx.gpu(0))
```

在前面的示例中，MXNet 指定了在 CPU 或在编号为 0 的 GPU 设备中保存张量的位置。MXNet 的一个重要特点是所有的计算都是懒散的，而不是瞬间发生。与任何其他框架不同，这使得 MXNet 能够实现难以置信的设备利用率。

- **符号模式**：此模式公开了一个类似于 TensorFlow 的计算图。虽然命令式 API 非常有用，但是它的一个缺点是其刚性。所有计算都需要预先知道，以及需要预先定义数据结构。符号 API 旨在通过允许 MXNet 处理符号或变量而不是固定的数据类型来消除这一限制。这些符号可以被编译或解释为一组待执行的操作，如下所示：

```
import mxnet as mx
x = mx.sym.Variable("X") # 表示一个符号
y = mx.sym.Variable("Y")
z = (x + y)
m = z / 100
```

2.3.4　Torch

Torch 是一个基于 Lua 的深度学习框架，其由 Ronan Collobert、Clement Farabet 和 Koray Kavukcuoglu 三人共同开发。它最初被纽约大学的 CILVR 实验室使用。Torch 由 C/C++ 库提供支持，并且采用**统一计算设备架构** (Compute Unified Device Architecture,CUDA) 进行 GPU 交互。它的目标是成为最快的深度学习框架，同时也为快速的应用开发提供一个简单的类 C 语言接口。

2.3.5　Theano

Theano 是一个 Python 库，它允许高效地定义、优化和评估涉及多维数组的数学表达式。Theano 的一些关键特性是它与 NumPy 的紧密集成，这使它几乎可以被大量的 Python 开发人员直接使用。它还提供了一个使用 GPU 或 CPU 的简单接口。Theano 可以进行高效的符号微分，这允许它为具有一个或多个输入的函数提供导数。它在数值上也是稳定的，其动态代码生成功能可以快速地进行表达式评估。如果你具备高级的机器学习专长，并且正在寻找低级 API 来精细控制你的深度学习应用，那么 Theano 是一个很好的框架选择。

2.3.6　CNTK

CNTK 是**微软认知工具包**(Microsoft Cognitive Toolkit) 的简称，它是日益增加的深度学习框架中的最新成员。CNTK 支持两个主要的功能：

- 支持多种特征，如：
  - 用于训练和预测的 CPU/GPU；
  - Windows 和 Linux 操作系统；
  - 基于批处理技术的高效循环网络训练；
  - 采用单比特量化策略的**奇异值分解（SVD）**的数据并行。
- 高效的模块化，可分为：
  - 网络计算；
  - 执行引擎；
  - 学习算法；
  - 模型配置。

2.3.7　Keras

Keras 是一个深度学习框架，其可能是与前面描述的所有框架最不同的框架。前面描述的大多数框架都属于低级模块，其采用 CUDA 直接与 GPU 进行交互。然而，Keras 可以理解为元框架，它与其他框架 (如 Theano 或 TensorFlow) 进行交互，以便处理 GPU 交互或其他系统级访问管理。因此，Keras 具有高度的灵活性和用户友好性，允许开发人员在各种底层模型实现中进行选择。Keras 在社区支持方面获得了良好的发展势头。目前，TensorFlow 团队已经将 Keras 集成到 TensorFlow 项目。

2.3.8　框架比较

尽管存在许多深度学习软件框架，但很难理解它们的功能差异。表 2-3 比较了前述深度学习框架的功能。

表 2-3　深度学习框架的功能比较

框架	编程语言	社区支持	建模灵活性	易配置性	速度	GPU 并行化	学习教程
TensorFlow	Python	极好	极好	极好	快	强大	极好
Caffe	C++	极好	强烈	强大	快	好	强大
MXNet	R,Python,Julia,Scala	极好	强烈	强大	快	极好	极好
Torch	Lua,Python	强烈	极好	极好	极快	强大	强大
Theano	Python,C++	强烈	强烈	好	快	好	极好
CNTK	C++	极好	强烈	好	快	好	强大
Keras	Python	极好	极好	极好	快	强大	强大

最近，Shaohuai Shi 等在其论文⊖中给出了 4 个流行框架 Caffe、CNTK、TensorFlow 和 Torch 的综合性能基准测试。他们首先在 3 种最主流的神经网络类型——**全连接神经网络** (FCN)、卷积神经网络 (CNN) 和循环神经网络 (RNN) 上对 4 个框架的性能进行了基准测试。此外，他们还基于多 GPU 和多 CPU 对这些框架的性能进行了基准测试。

在他们的论文中，他们概述了所有框架的性能比较。他们的实验结果表明，所有框架都能非常有效地利用 GPU，并显示出比 CPU 更好的性能。然而，在所有这些框架中仍然没有明确的赢家，这表明所有这些框架仍有待改进。

2.4 基本亚马逊网络服务的深度学习开发环境配置

本节将介绍使用**亚马逊网络服务**（Amazon Web Services,AWS）建立深度学习系统的两种不同方法。

2.4.1 从零开始配置

本节将演示如何在运行 Ubuntu Server 16.04 LTS 的 AWS EC2 GPU 实例 g2.2xlarge 上设置深度学习开发环境。在这个实例中，将使用预配置的**亚马逊机器镜像**（Amazon Machine Image, AMI)，其已经安装了许多软件包，这样就可以更容易地设置一个端到端的深度学习系统。可以使用公开可用的 AMI 映像 ami-b03ffedf，其包括以下预安装包：

- CUDA 8.0。
- 基于 Python 3.0 的 Anaconda 4.20。
- Keras / Theano。

1）设置系统的第一步是创建一个 AWS 账户并使用 AWS Web 控制台生成一个新的 EC2 GPU 实例。图 2-1 给出了选择 EC2 AMI 的网页⊖截图。

2）从下一页中选择一个 **g2.2xlarge** 实例类型，如图 2-2 所示。

3）在根据图 2-3 所示添加 30 GB 的存储后，现在启动一个集群并分配一个 EC2 密钥对，它允许使用提供的密钥对文件进行 ssh 并登录到该 box。

4）启动 EC2 box 后，下一步就是安装相关软件包。为保证 GPU 的正常使用，首先要确保安装图形驱动程序。可以按如下命令升级和安装 NVIDIA 驱动程序：

```
$ sudo add-apt-repository ppa:graphics-drivers/ppa -y
$ sudo apt-get update
$ sudo apt-get install -y nvidia-375 nvidia-settings
```

虽然 NVIDIA 驱动程序确保了主机 GPU 现在可以被任何深度学习应用使用，但是它并没有为应用开发人员提供一个简单的接口以便在设备上进行简单的编程。

⊖ https://arxiv.org/pdf/1608. 07249.pdf.

⊖ http : //console.aws.amazon.com/.

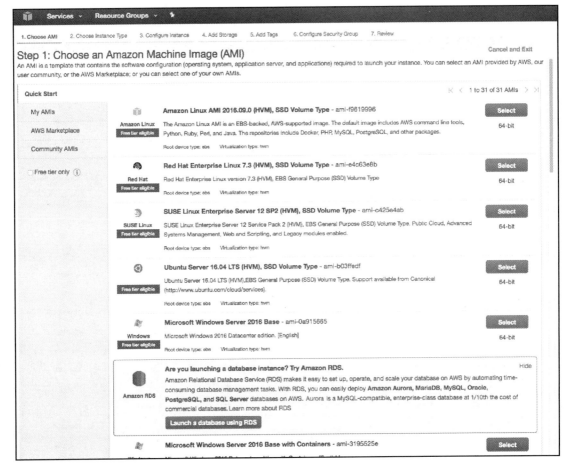

图 2-1　选择 EC2 AMI

当前存在的各种不同软件库，都有助于可靠完成这一任务。**开放计算语言（OpenCL）**和 CUDA 在工业中更常用。本书使用 CUDA 作为访问 NVIDIA 图形驱动程序的应用编程接口。要安装 CUDA 驱动程序，我们首先 SSH 进入到 EC2 实例，然后下载 CUDA 8.0 到 $HOME 文件夹并从那里安装：

```
$ wget
https://developer.nvidia.com/compute/cuda/8.0/Prod2/local_installers/cuda-r
epo-ubuntu1604-8-0-local-ga2_8.0.61-1_amd64-deb
$ sudo dpkg -i cuda-repo-ubuntu1604-8-0-local_8.0.44-1_amd64-deb
$ sudo apt-get update
$ sudo apt-get install -y cuda nvidia-cuda-toolkit
```

安装完成后，可以运行以下命令来验证安装：

```
$ nvidia-smi
```

现在，EC2 box 已配置完成，可以用于深度学习开发。然而，对于不太熟悉深度学习实现细节的人来说，从零开始构建深度学习系统可能是一项艰巨的任务。

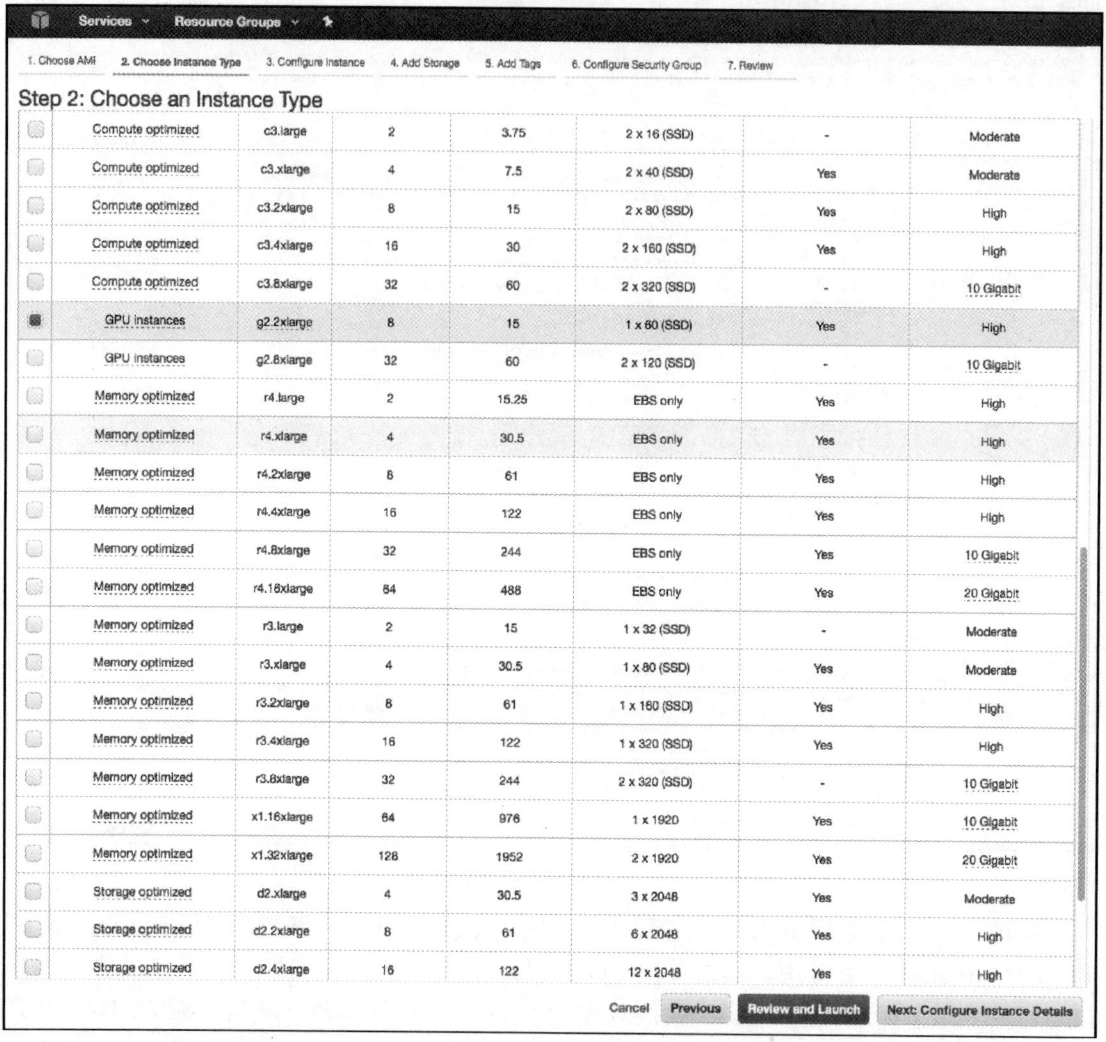

Services ∨	Resource Groups ∨							
1. Choose AMI	2. Choose Instance Type	3. Configure Instance	4. Add Storage	5. Add Tags	6. Configure Security Group	7. Review		

Step 2: Choose an Instance Type

☐	Compute optimized	c3.large	2	3.75	2 x 16 (SSD)	-	Moderate
☐	Compute optimized	c3.xlarge	4	7.5	2 x 40 (SSD)	Yes	Moderate
☐	Compute optimized	c3.2xlarge	8	15	2 x 80 (SSD)	Yes	High
☐	Compute optimized	c3.4xlarge	16	30	2 x 160 (SSD)	Yes	High
☐	Compute optimized	c3.8xlarge	32	60	2 x 320 (SSD)	-	10 Gigabit
■	GPU instances	g2.2xlarge	8	15	1 x 60 (SSD)	Yes	High
☐	GPU instances	g2.8xlarge	32	60	2 x 120 (SSD)	-	10 Gigabit
☐	Memory optimized	r4.large	2	15.25	EBS only	Yes	High
☐	Memory optimized	r4.xlarge	4	30.5	EBS only	Yes	High
☐	Memory optimized	r4.2xlarge	8	61	EBS only	Yes	High
☐	Memory optimized	r4.4xlarge	16	122	EBS only	Yes	High
☐	Memory optimized	r4.8xlarge	32	244	EBS only	Yes	10 Gigabit
☐	Memory optimized	r4.16xlarge	64	488	EBS only	Yes	20 Gigabit
☐	Memory optimized	r3.large	2	15	1 x 32 (SSD)	-	Moderate
☐	Memory optimized	r3.xlarge	4	30.5	1 x 80 (SSD)	Yes	Moderate
☐	Memory optimized	r3.2xlarge	8	61	1 x 160 (SSD)	Yes	High
☐	Memory optimized	r3.4xlarge	16	122	1 x 320 (SSD)	Yes	High
☐	Memory optimized	r3.8xlarge	32	244	2 x 320 (SSD)	-	10 Gigabit
☐	Memory optimized	x1.16xlarge	64	976	1 x 1920	Yes	10 Gigabit
☐	Memory optimized	x1.32xlarge	128	1952	2 x 1920	Yes	20 Gigabit
☐	Storage optimized	d2.xlarge	4	30.5	3 x 2048	-	Moderate
☐	Storage optimized	d2.2xlarge	8	61	6 x 2048	Yes	High
☐	Storage optimized	d2.4xlarge	16	122	12 x 2048	Yes	High

Cancel | Previous | **Review and Launch** | Next: Configure Instance Details

图 2-2 选择实例类型

当前存在一些高级深度学习软件框架，如 Keras 和 Theano 等，可以简化这种开发。这两种框架都基于 Python 开发环境，因此首先需要在 box 上安装 Python 发行版 Anaconda：

```
$ wget https://repo.continuum.io/archive/Anaconda3-4.2.0-Linux-x86_64.sh
$ bash Anaconda3-4.2.0-Linux-x86_64.sh
```

最后，使用 Python 包管理器 pip 安装 Keras 和 Theano：

```
$ pip install --upgrade --no-deps git+git://github.com/Theano/Theano.git
$ pip install keras
```

一旦 pip 安装成功完成，用于深度学习开发的 box 就配置完成。

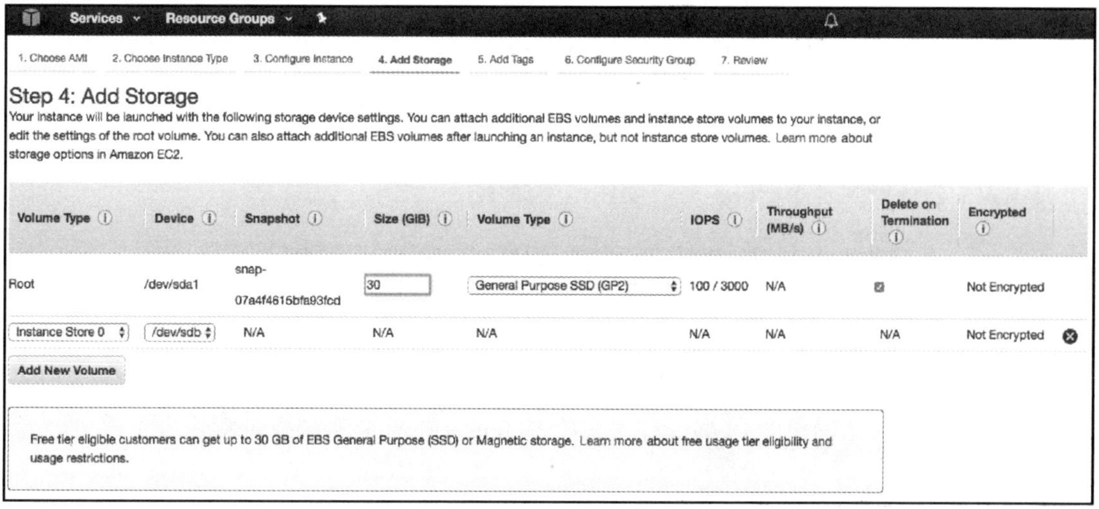

图 2-3　选择存储

2.4.2　基于 Docker 的配置

上一节描述了从零开始配置深度学习开发环境，这有时会因软件包的不断更改以及网络链接的改变而变得棘手。避免依赖链接的一种方法是使用像 Docker 这样的容器技术。

本章将使用官方的 NVIDIA-Docker 映像，其预先打包了所有必需的包和深度学习框架，以便可以快速地开始深度学习应用开发：

```
$ sudo add-apt-repository ppa:graphics-drivers/ppa -y
$ sudo apt-get update
$ sudo apt-get install -y nvidia-375 nvidia-settings nvidia-modprobe
```

1）现在按照如下命令安装 Docker 社区版：

```
$ curl -fsSL https://download.docker.com/linux/ubuntu/gpg | sudo
apt-key add -
# Verify that the key fingerprint is 9DC8 5822 9FC7 DD38 854A E2D8
8D81 803C 0EBF CD88
$ sudo apt-key fingerprint 0EBFCD88
$ sudo add-apt-repository \
  "deb [arch=amd64] https://download.docker.com/linux/ubuntu \
  $(lsb_release -cs) \
  stable"
$ sudo apt-get update
$ sudo apt-get install -y docker-ce
```

2）然后安装 NVIDIA-Docker 及其插件：

```
$ wget -P /tmp
https://github.com/NVIDIA/nvidia-docker/releases/download/v1.0.1/nv
idia-docker_1.0.1-1_amd64.deb
$ sudo dpkg -i /tmp/nvidia-docker_1.0.1-1_amd64.deb && rm
/tmp/nvidia-docker_1.0.1-1_amd64.deb
```

3）为了验证安装是否正确，可以使用以下命令：

```
$ sudo nvidia-docker run --rm nvidia/cuda nvidia-smi
```

4）一旦安装正确，可以使用官方的 TensorFlow 或 Theano Docker 映像：

```
$ sudo nvidia-docker run -it tensorflow/tensorflow:latest-gpu bash
```

5）可以运行一个简单的 Python 程序来检查 TensorFlow 是否工作正常：

```
import tensorflow as tf
a = tf.constant(5,tf.float32)
b = tf.constant(5,tf.float32)
with tf.Session() as sess:
    sess.run(tf.add(a,b)) # 输出是 10.0
    print("Output of graph computation is = ",output)
```

现在应该可以看到屏幕上的 TensorFlow 输出，如图 2-4 所示：

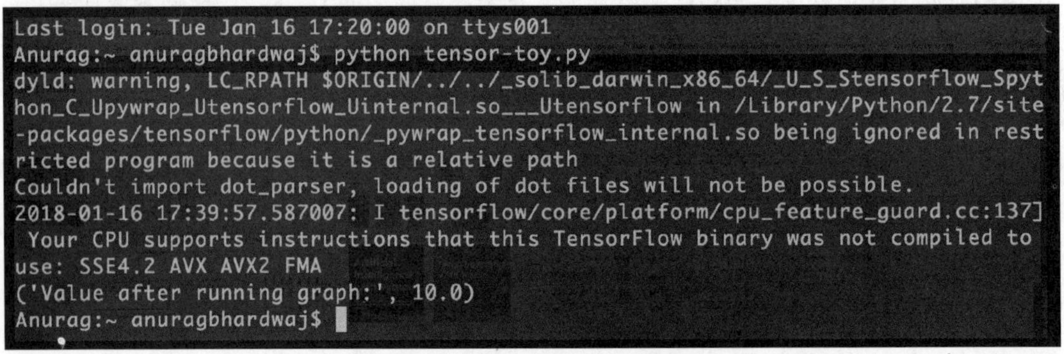

```
Last login: Tue Jan 16 17:20:00 on ttys001
Anurag:~ anuragbhardwaj$ python tensor-toy.py
dyld: warning, LC_RPATH $ORIGIN/../../_solib_darwin_x86_64/_U_S_Stensorflow_Spyt
hon_C_Upywrap_Utensorflow_Uinternal.so___Utensorflow in /Library/Python/2.7/site
-packages/tensorflow/python/_pywrap_tensorflow_internal.so being ignored in rest
ricted program because it is a relative path
Couldn't import dot_parser, loading of dot files will not be possible.
2018-01-16 17:39:57.587007: I tensorflow/core/platform/cpu_feature_guard.cc:137]
 Your CPU supports instructions that this TensorFlow binary was not compiled to
use: SSE4.2 AVX AVX2 FMA
('Value after running graph:', 10.0)
Anurag:~ anuragbhardwaj$
```

图 2-4　TensorFlow 示例的输出

2.5　小结

本章总结了开始深度学习系统实际实现所需的关键概念。首先介绍了线性代数的核心概念，这些概念对于理解深度学习技术的基础至关重要。通过涵盖 GPU 实现的各个方面以及应用开发人员正确的硬件选择，提供了深度学习的硬件指南。随后列出了当今最流行的深度学习软件框架清单，并为它们提供了功能级别的比较以及性能基准测试。最后，演示了如何在 AWS 上建立一个基于云的深度学习应用。

下一章将介绍神经网络并概述一个自启动模块，以便更详细地理解它们。

第3章
神经网络入门

本章将重点介绍神经网络的基础知识，包括输入/输出层、隐藏层以及网络如何通过前向和反向传播学习。将从标准的多层感知机网络开始，讨论它们的构建块，并说明它们是如何一步一步学习的。还将介绍一些主流的标准模型，如**卷积神经网络 (CNN)**、**受限玻耳兹曼机 (RBM)** 和**循环神经网络 (RNN)** 及其变体——**长短时记忆 (LSTM) 网络**。本章将概述成功应用这些模型的关键及关键组件，并解释一些重要的概念，以帮助读者更好地理解为什么这些网络在某些领域如此有效。除了理论上的介绍之外，还将给出示例代码片段，以便介绍使用 TensorFlow 如何构造层和激活函数，以及如何连接不同的层。最后，将演示一个使用 TensorFlow 进行 MNIST 分类的端到端示例。通过第 2 章中学到的设置，现在是时候利用一些真实的例子开始动手实践了。

本章内容如下：
- 多层感知机：
  - 输入层；
  - 输出层；
  - 隐藏层；
  - 激活函数。
- 如何进行网络学习。
- 深度学习模型：
  - 卷积神经网络；
  - 受限玻耳兹曼机；
  - 循环神经网络（RNN/LSTM 网络）。
- 应用示例。

3.1 多层感知机

多层感知机是最简单的网络之一。本质上，它被定义为具有一个输入层、一个输出层和几个隐藏层 (不止一个)。每一层都有多个神经元，相邻的层之间进行全连接。每个神经元都可以被看作是这些巨大网络中的一个细胞，其决定了输入信号的流动和转换。前一层的信号通过连接权值被向前推送给下一层神经元。对于每个人工神经元，其通过将信号与权值相乘并加上偏值来计算所有输入的加权和。然后，加权和将送入一个称为**激活函数**的函数来决定是否应该被触发，这将产生输出信号以便用于下一层。例如，图 3-1 显示了一个全连接的前馈神经网络。从图中可以看到，每一层上都有一个截距节点 (x_0 和 a_0)。网络的非线性主要是由激活函数的形状决定的。这种全连接前馈神经网络的结构基本上如图 3-1 所示。

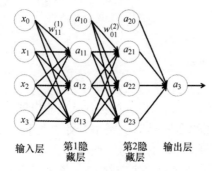

图 3-1　全连接前馈神经网络（两个隐藏层）

3.1.1　输入层

输入层通常定义为原始输入数据。对于文本数据，这可以是单词或字符。对于图像，这可以是来自不同颜色通道的原始像素值。对于不同维度的输入数据，其形成了不同的结构，如一维向量或类张量结构。

3.1.2　输出层

输出层基本上是网络的输出值，并根据问题的设置而形成。在无监督学习中，如编码或解码，输出可以与输入相同。对于分类问题，输出层有 n 个神经元用于 n 类分类并利用 softmax 函数输出每类的概率。总的来说，输出层映射到你的目标空间，而其中的感知器将根据你的问题设置进行相应改变。

3.1.3　隐藏层

隐藏层是输入层和输出层之间的层。隐藏层上的神经元可以采取多种形式，如最大池化层和卷积层等，都会执行不同的数学功能。如果将整个网络视为数学转换的管道，那么隐藏层将被转换，然后组合在一起，将输入数据映射到输出空间。在本章后面的章节中，当讨论 CNN 和 RNN 时，将会介绍隐藏层的更多变化。

3.1.4　激活函数

每个人工神经元中的激活函数决定输入信号是否达到阈值，以及是否将信号输出到下一级。由于梯度消失问题，设置正确的激活函数至关重要，这将在后面进行讨论。

激活函数的另一个重要特征是它应该是可微的。网络从输出层计算的误差中学习。在网络向后传播时，需要一个可微激活函数来执行反向传播优化，以计算误差或损失相对于权值的梯度，然后使用梯度下降或任何其他优化技术来相应地优化权值以减小误差。

表 3-1 列出了一些常见的激活函数。我们将深入研究它们，讨论它们之间的差异，并解释如何选择正确的激活函数。

表 3-1 激活函数

名称	数学公式	导函数	一维图形	导函数的一维图形
二元阶梯函数	$\sigma(x) = \begin{cases} 1, x > 0 \\ 0.5, x = 0 \\ 0, x < 0 \end{cases}$	$\sigma'(x) = \begin{cases} 0, x \neq 0 \\ ?, x = 0 \end{cases}$		
恒等函数	$\sigma(x) = x$	$\sigma'(x) = 1$		
sigmoid	$\sigma(x) = \dfrac{1}{1 + e^{-x}}$	$\sigma'(x) = \sigma(x)[1 - \sigma(x)]$		
tanh	$\sigma(x) = \dfrac{e^x - e^{-x}}{e^x + e^{-x}}$	$\sigma'(x) = 1 - \sigma(x)^2$		
Rectified Linear(ReLU)	$\sigma(x) = \max(0, x)$	$\sigma'(x) = \begin{cases} 1, x \geqslant 0 \\ 0, x < 0 \end{cases}$		
Leaky ReLU	$\sigma(x) = \begin{cases} x, x \geqslant 0 \\ ax, x < 0 \end{cases}$	$\sigma'(x) = \begin{cases} 1, x \geqslant 0 \\ a, x < 0 \end{cases}$		

1. sigmoid 函数

sigmoid 函数具有独特的 S 形状，其是任何实数输入值的可微实函数。它的值域在 0~1 之间。sigmoid 函数是具有以下形式的激活函数：

$$\sigma(x) = \frac{1}{1 + e^{-x}}$$

其一阶导数在训练步骤的反向传播过程中使用，具有如下形式：

$$\frac{d\sigma(x)}{d(x)} = \sigma(x) \cdot (1 - \sigma(x))$$

sigmoid 函数可以采用如下的 TensorFlow 代码进行实现：

```
def sigmoid(x):
    return tf.div(tf.constant(1.0),
            tf.add(tf.constant(1.0),tf.exp(tf.neg(x))))
```

sigmoid 函数的导函数代码实现：

```
def sigmoidprime(x):
    return tf.multiply(sigmoid(x),tf.subtract(tf.constant(1.0),
sigmoid(x)))
```

但是，sigmoid 函数可以导致梯度消失或梯度饱和问题。众所周知，它的收敛速度很慢。因此，在实际使用中不建议使用 sigmoid 作为激活函数。ReLU 激活函数已经变得非常流行。

2. tanh 函数

双曲线正切函数 tanh 的数学公式定义如下：

$$f(x) = \frac{1 - e^{-2x}}{1 + e^{-2x}}$$

它的输出以 0 为中心，范围为 −1~1。因此优化更容易，所以在实践中它优于 sigmoid 激活函数。然而，它仍然受到梯度消失问题的困扰。

3. ReLU

校正线性单元（Rectified Linear Unit,ReLU）近年来非常流行。ReLU 可采用如下的数学公式进行定义：

$$\sigma(x) = \begin{cases} \max(0, x), & x \geqslant 0 \\ 0, & x < 0 \end{cases}$$

与 sigmoid 和 tanh 相比，ReLU 的计算简单得多并且效率更高。文献（Krizhevsky 等，ImageNet Classification with Deep Convolutional Neural Networks，2012）已经证明，ReLU 可以把收敛速度提高 6 倍，这可能是因为它具有线性和非饱和形式。另外，与 sigmoid 或 tanh 函数不同，ReLU 可以通过在零处的简单阈值激活来实现，而前两个激活函数涉及昂贵的指数运算。因此，在过去的几年里，ReLU 变得非常流行。现在几乎所有的深度学习模型都使用 ReLU。ReLU 的另一个重要优点是它避免或纠正了梯度消失问题。

ReLU 的局限性在于它的直接输出不在概率空间中。它不能在输出层中使用，只能在隐藏层中使用。因此，对于分类问题，需要在最后一层使用 softmax 函数来计算类的概率。对于回归问题，则应该简单地使用线性函数。ReLU 的另一个问题是它会引起死神经元问题。例如，如果大梯度流过 ReLU，则可能会导致权值被更新，使得某个神经元在任何其他未来的数据点上都不会被激活。

为了解决这个问题，引入了一个叫作 **Leaky ReLU** 的变体。为了解决死神经元问题，Leaky ReLU 引入了一个小斜率来保持更新。

4. Leaky ReLU 与 maxout

Leaky ReLU 在负侧具有小的斜率 α，如 0.01。斜率 α 也可以作为每个神经元的参数，如 PReLU 神经元 (P 代表参数)。这个激活函数的问题是这种修改对各种问题的有效性不一致。

maxout 是另一个解决 ReLU 中死神经元问题的尝试，其数学形式为 $\max(w_1^T x + b_1, w_2^T x + b_2)$。从这个形式可以看出 ReLU 和 Leaky ReLU 都是这个形式的特殊情形。也就是说，对于 ReLU，它对应 $w_1 = 0, b_1 = 0$。虽然 maxout 具有线性和不饱和的优点，但是它使每个神经元的参数数量增加了 1 倍。

5. softmax

当使用 ReLU 作为分类问题的激活函数时，在最后一层使用了一个 softmax 函数。它有

助于生成类似于每个类的分数（$0<p(y=j|z_j)<1, sum(p(y=j|z_j))=1$）这样的概率：

$$p(y=j|z_j) = \phi(z_j) = \frac{e^{z_j}}{\sum_j^K z_j}$$

6. 选择正确的激活函数

在大多数情况下，应该首先考虑 ReLU。但是请记住，ReLU 只适用于隐藏层。如果你的模型受到死神经元的影响，那么考虑调整你的学习率，或者尝试 Leaky ReLU 或 maxout。

不建议使用 sigmoid 或 tanh，因为它们受梯度消失问题的困扰并且收敛速度很慢。以 sigmoid 为例，它的导数在任何地方都不大于 0.25，使得反向传播过程中的梯度更小。而对于 ReLU，它的导数在大于 0 的每一点上都是 1，从而创建一个更稳定的网络。

现在你已经掌握了神经网络中关键组件的基本知识，下面继续了解网络是如何从数据中学习的。

3.2 如何进行网络学习

假设已有一个两层的网络。令（a_0，y）表示输入 / 输出，两层的状态即连接权值和偏差值分别为（w_1，b_1）和（w_2，b_2）。仍然使用 σ 作为激活函数。

3.2.1 权值初始化

在网络配置之后，训练从初始化权值开始。适当的权值初始化是重要的，因为所有的训练都是为了成功地输出目标值的近似值而调整系数以便最好地捕捉数据中的模式。在大多数情况下，权值是随机初始化的。在一些微调（finely-tuned）的设置中，权重是使用预先训练的模型初始化的。

3.2.2 前向传播

前向传播基本上是计算输入数据乘以网络权值加上偏移量，然后通过激活函数到达下一层：

$$z_1 = a_0 * w_1 + b_1$$
$$a_1 = \sigma(z_1)$$
$$z_2 = a_1 * w_2 + b_2$$
$$a_2 = \sigma(z_2)$$

下面给出了使用 TensorFlow 的示例代码块：

```
# 维数变量
dim_in = 2
dim_middle = 5
dim_out = 1
```

```
# 声明网络变量
a_0 = tf.placeholder(tf.float32, [None, dim_in])
y = tf.placeholder(tf.float32, [None, dim_out])

w_1 = tf.Variable(tf.random_normal([dim_in, dim_middle]))
b_1 = tf.Variable(tf.random_normal([dim_middle]))
w_2 = tf.Variable(tf.random_normal([dim_middle, dim_out]))
b_2 = tf.Variable(tf.random_normal([dim_out]))

# 构建网络结构
z_1 = tf.add(tf.matmul(a_0, w_1), b_1)
a_1 = sigmoid(z_1)
z_2 = tf.add(tf.matmul(a_1, w_2), b_2)
a_2 = sigmoid(z_2)
```

3.2.3　反向传播

所有网络从误差中学习，然后更新网络权重 / 参数以反映基于给定代价函数的误差。梯度是表示网络权值与误差之间关系的斜率。

1. 计算误差

反向传播算法的第一件事是为目标值计算来自前向传播的误差。输入提供 y 作为网络输出精度的测试，因此我们计算下面的向量：

$$\nabla a = a_2 - y$$

计算误差的 TensorFlow 代码为：

```
# 定义误差，其是最后一层激活函数的输出与标签的差
error = tf.sub(a_2, y)
```

2. 反向传播

基于计算出的误差，反向传播算法可以向后传播，以便在误差的梯度方向上更新网络权值。首先，需要计算权重和偏差的增量。注意，∇z_2 用来更新 b_2 和 w_2，∇z_1 用来更新 b_1 和 w_1：

$$\nabla z_2 = \nabla a \cdot \sigma'(z_2)$$
$$\nabla b_2 = \nabla z_2$$
$$\nabla w_2 = a_1^T \cdot \nabla z_2$$
$$\nabla z_1 = \nabla a_1 \cdot \sigma'(z_1)$$
$$\nabla b_1 = \nabla z_1$$
$$\nabla w_1 = a_0^T \cdot \nabla z_1$$

上述公式可以采用如下的 TensorFlow 代码进行实现：

```
d_z_2 = tf.multiply(error, sigmoidprime(z_2))
d_b_2 = d_z_2
d_w_2 = tf.matmul(tf.transpose(a_1), d_z_2)

d_a_1 = tf.matmul(d_z_2, tf.transpose(w_2))
d_z_1 = tf.multiply(d_a_1, sigmoidprime(z_1))
d_b_1 = d_z_1
d_w_1 = tf.matmul(tf.transpose(a_0), d_z_1)
```

3. 更新网络

现在已经计算出了增量，下面应该更新网络参数。在大多数情况下，使用一种梯度下降算法。令 η 表示学习率，则参数更新公式为：

$$
\begin{aligned}
w_1 &\leftarrow w_1 - \eta \cdot \nabla w_1 \\
b_1 &\leftarrow b_1 - \eta \cdot \nabla b_1 \\
w_2 &\leftarrow w_2 - \eta \cdot \nabla w_2 \\
b_2 &\leftarrow b_2 - \eta \cdot \nabla b_2
\end{aligned}
$$

上述公式可以采用如下的 TensorFlow 代码进行实现：

```
eta = tf.constant(0.01)
step = [
    tf.assign(w_1,
            tf.subtract(w_1, tf.multiply(eta, d_w_1)))
    ,tf.assign(b_1,
            tf.subtract(b_1, tf.multiply(eta,
                    tf.reduce_mean(d_b_1,axis=[0]))))
    ,tf.assign(w_2,
            tf.subtract(w_2, tf.multiply(eta, d_w_2)))
    ,tf.assign(b_2
            tf.subtract(b_2, tf.multiply(eta,
                        tf.reduce_mean(d_b_2, axis=[0]))))
]
```

4. 自动微分

TensorFlow 提供了一个非常方便的 API，有助于直接推导出增量并更新网络参数：

```
# 定义代价为误差平方
cost = tf.square(error)
res = tf.reduce_mean (tf.cast(cost, tf.float32))

# 梯度下降优化器将完成繁重的工作
learning_rate = 0.01
optimizer = tf.train.GradientDescentOptimizer(learning_rate).minimize(cost)

# 定义需要近似的函数
```

```
def linear_fun(x):
    y = x[:,0] * 2 + x[:,1] * 4 + 1
    return y.reshape(y.shape[0], 1)

# 学习过程中需要的其他变量
train_batch_size = 100
test_batch_size = 50

# 常规的 TensorFlow 代码——初始化参数值，创建一个会话并运行模型
sess = tf.Session()
#sess.run(tf.global_variables_initializer())
sess.run(tf.initialize_all_variables())

for i in range(1000):
    x_value = np.random.rand(train_batch_size,2)
    y_value = linear_fun(x_value)
    sess.run(optimizer, feed_dict={a_0: x_value, y: y_value})
    if i % 100 == 0:
      test_x = np.random.rand(test_batch_size,2)
      res_val = sess.run(res, feed_dict =
          {a_0: test_x, y: linear_fun(test_x)})
      print res_val
```

除了这个基本设置之外，现在开始讨论一些在实践中可能遇到的重要概念。

3.2.4 梯度消失与爆炸

这些是许多深度神经网络中非常重要的问题。架构越深，就越有可能受到这些问题的影响。在反向传播阶段，权值按照正比于梯度值的方式进行调整。因此可能出现两种不同的情况：

- 如果梯度太小，那么这被称为梯度消失问题。它使学习过程变得非常缓慢或者甚至完全停止更新。例如，使用 sigmoid 作为激活函数，其导数总是小于 0.25，经过几层反向传播后，较低的层将很难接收到来自误差的任何有用信号，因此网络无法正确更新。
- 如果梯度变得太大，那么它会导致学习发散，这被称为梯度爆炸。当激活函数不受限制或学习率太大时，通常会发生这种情况。

3.2.5 优化算法

优化是网络学习的关键。学习基本上是一个优化的过程。学习指的是最小化误差、代价或找到最小误差位置的过程。学习会逐步调整网络参数。一个非常基本的优化方法就是上一节中所使用的梯度下降。然而，有多个梯度下降变体可以做类似的工作，但增加了一些改进。TensorFlow 提供了多个可供选择的优化器，例如 GradientDescentOptimizer、AdagradOptimizer、MomentumOptimizer、AdamOptimizer、FtrlOptimizer 和 RMSPropOptimizer。

对于这些 API 以及如何使用它们，请访问网址：

https://www.tensorflow.org/versions/master/api_docs/python/tf/train#optimizers。

这些优化器应该足够用于大多数深度学习技术。如果不确定要使用哪一个，可以先使用 GradientDescentOptimizer。

3.2.6 正则化

像所有其他机器学习方法一样，过拟合是一直需要控制的事情，尤其是考虑到网络有太多参数需要学习。处理过拟合的其中一种方法是**正则化**。典型的正则化方法是在网络参数上增加一些约束，比如 L1 或 L2 正则化，这会阻止网络的权重或系数变得太大。以 L2 正则化为例。它是通过把神经网络中所有权值的平方和追加到代价函数中实现的。L2 正则化所做的工作是重罚峰值权值向量，并扩散这些权值向量。

也就是说，我们鼓励网络通过更均匀地扩散权值向量来使用它的所有输入，而不是仅使用其中的一部分。过大的权重意味着网络过多依赖于一些过量加权的输入，这就使得对新数据的泛化变得困难。在梯度下降阶段，L2 正则化实质上导致每个权值衰减到 0，这称为**权值衰减**。

第二种常见的正则化类型是 L1 正则化，其通常会生成很稀疏的权值向量。通过将其他许多权值更改为 0，L1 正则化可以帮助理解哪些特征对预测更有用。L1 正则化可能有助于增强网络对输入噪声的抵抗力，但经验上 L2 正则化的性能更好。

max-norm 是另一种正则化方法，其在每个神经元的输入权值向量大小上强加一个绝对值上限。也就是说，在梯度下降步骤中，如果 $\|w\|_2 > c$，则可以通过归一化使其半径大小仍然为 c。这种方法称为**投影梯度下降法**。这有时会稳定网络的学习，因为即使学习率很大，系数也不会变得太大 (总是有界的)。

Dropout 是一种特别的防止过拟合方法，通常与我们前面提到的技术一起使用。在训练过程中，Dropout 仅保持一定比例的神经元激活，同时将其他神经元设置为零。一个预设的超参数 p 用于产生一个随机采样，依据采样结果一部分神经元被设置为 0。p 在实践中常设为 0.5。从直观上看，Dropout 使网络的不同部分从不同的信息中学习，因为在每次批处理过程中，只有网络的一部分会更新。总之，Dropout 通过提供一种近似地将许多不同的神经网络体系结构进行高效的指数组合的方式防止过拟合。有关更多细节，可以参考 Hinton 教授的 Dropout 论文[⊖]。

3.3 深度学习模型

本节将深入学习三种主流的深度学习模型：**卷积神经网络（CNN）**、**受限玻耳兹曼机（RBM）**和**循环神经网络（RNN）**。

3.3.1 卷积神经网络

CNN 是多层感知机的生物启发变体，其在图像识别和图像分类等领域已经被证明是非

⊖ Srivastava 等，Dropout: A Simple Way to Prevent Neural Networks from Overfitting，2013.

常有效的。卷积网络已经成功地应用于识别人脸、物体、交通标志以及机器人和自动驾驶汽车的视觉功能方面。CNN 通过在相邻层的神经元之间强加局部连接模式来利用空间局部相关性。换句话说，第 m 层中隐藏单元的输入来自于第 $m-1$ 层中的单元子集，这些单元具有空间上连续的感受野。

LeNet 是 Yann LeCun 于 1988 年提出的第一个 CNN。它主要用于读取邮政编码、数字等字符识别任务。2012 年，Alex Krizhevsky 和 Hinton 教授以惊人的进步赢得了 ImageNet 竞赛，通过使用 CNN 将分类误差从 26% 降到了 15%，开启了深度学习的复兴时代。

CNN 有几个基本的组成部分：

- 卷积层（CONV）；
- 激活层（非线性，例如 ReLU）；
- 池化层或子采样层（POOL）；
- 全连接层（FC，使用 softmax）。

卷积网络最常见的形式是堆叠几对 CONV-ReLU 层，每一个 CONV-ReLU 层后面都有一个池化层。重复这种模式，直到整个输入图像被聚合并在空间上转换成小块。在这种模式的最后一层，这些小块被传送到全连接层。特别在处理多类分类问题时，全连接层经常采用 softmax 函数以便输出概率。图 3-2 给出了一个典型的 CNN 实例。该网络具有重复的 CONV-ReLU 与 POOL 层，网络的最后是几个全连接层。

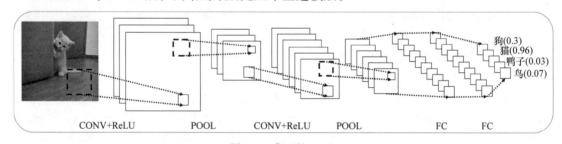

图 3-2　典型的 CNN

1. 卷积

卷积涉及一些概念，比如卷积、步幅和填充。

对于二维图像，每个颜色通道都会发生卷积。假设有一个权值矩阵和图像（每个像素处显示的是其灰度值），如图 3-3 所示。

权值矩阵，通常称为**卷积核**或**滤波器**。为了将其作用于图像，需要将卷积核放置在被卷积的图像上，并将卷积核在整个图像上进行移动。如果权值矩阵一次移动 1 个像素，则称**步幅**为 1。在每一个位置上，来自原始图像上的数值（像素值）需要乘以当前与其对齐的权值矩阵的数值。

所有这些乘积的和需要除以卷积核的归一化值。结果放置在新图像中的相应位置，该位置对应于权值矩阵的中心。卷积核被平移到下一个像素位置，重复这一过程，直到所有图像像素都被处理完。

图 3-3 所示为步幅为 2 的卷积操作将会产生的结果。

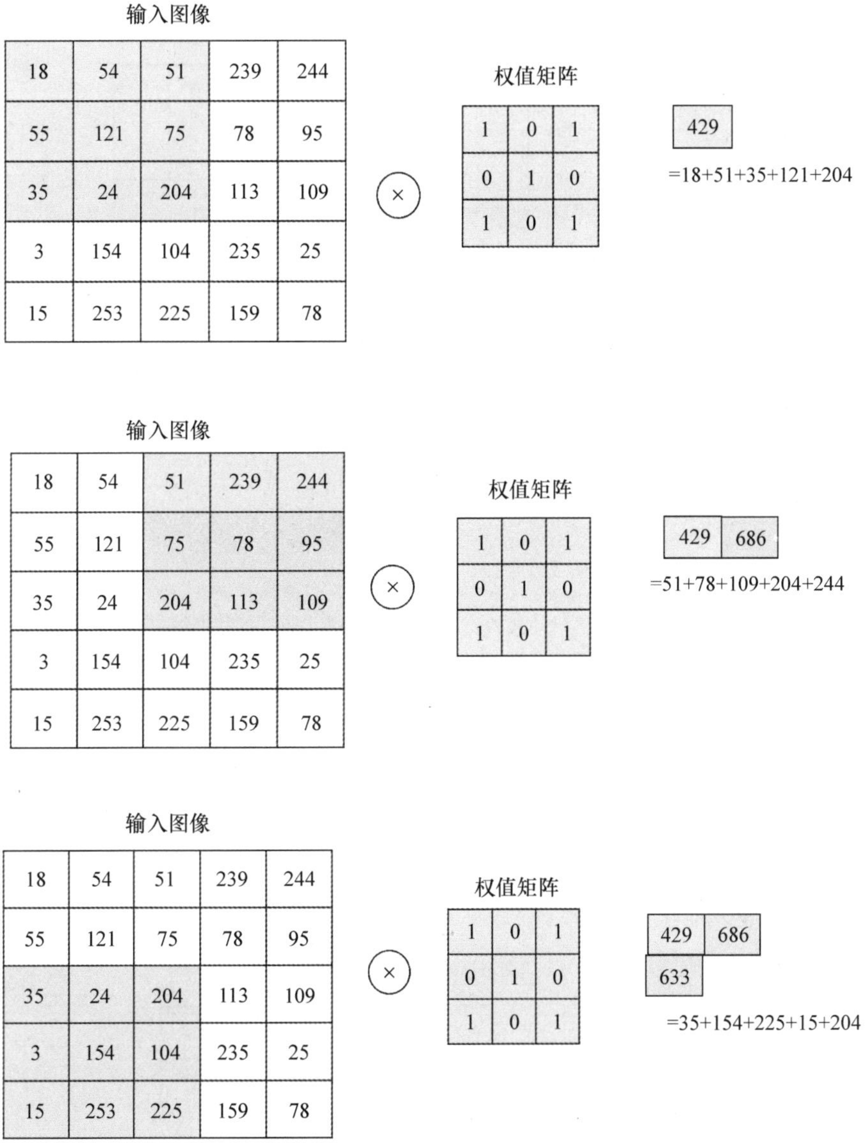

输入图像

18	54	51	239	244
55	121	75	78	95
35	24	204	113	109
3	154	104	235	25
15	253	225	159	78

⊗

权值矩阵

1	0	1
0	1	0
1	0	1

429

=18+51+35+121+204

输入图像

18	54	51	239	244
55	121	75	78	95
35	24	204	113	109
3	154	104	235	25
15	253	225	159	78

⊗

权值矩阵

1	0	1
0	1	0
1	0	1

429	686

=51+78+109+204+244

输入图像

18	54	51	239	244
55	121	75	78	95
35	24	204	113	109
3	154	104	235	25
15	253	225	159	78

⊗

权值矩阵

1	0	1
0	1	0
1	0	1

429	686
633	

=35+154+225+15+204

图 3-3　卷积示例（步幅等于 2）

因此，随着步幅的增大，图像会迅速缩小。为了保持图像的原始大小，可以在图像的边缘添加 0 行和 0 列（见图 3-4）。这被称为同尺寸填充。步幅越大，需要填充的区域就越大。

输入图像

0	0	0	0	0	0	0
0	18	54	51	239	244	0
0	55	121	75	78	95	0
0	35	24	204	113	109	0
0	3	154	104	235	25	0
0	15	253	225	159	78	0
0	0	0	0	0	0	0

权值矩阵

1	0	1
0	1	0
1	0	1

×

139

=18+121

图 3-4　卷积示例（0 填充）

2. 池化 / 子采样

池化层通过逐渐减小表示的空间大小，可以减少网络中参数的数量和计算量。对于彩色图像，池化在每个颜色通道上独立完成。通常采用的最常见池化形式是最大池化。当然还有其他类型的池化单元，如平均池化和 L2 范数池化等。一些早期的网络经常使用平均池化。因为最大池化通常在实践中呈现出更好的性能，所以平均池化最近已经不受青睐。需要注意的是，实践中常见的最大池化变化只有两种：池化大小 3×3 且步幅 =2（也称**重叠池化**）和池化大小 2×2 且步幅 =2，其中后者更常见。此外，具有较大感受野的池化操作是有害的。

图 3-5 阐明了最大池化过程。

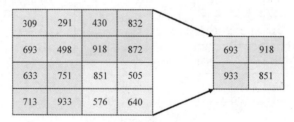

图 3-5　最大池化

3. 全连接层

全连接层中的神经元与前一层的所有激活都有连接，这与 CONV 层不同。在 CONV 层中，神经元只连接到输入的局部区域，并且 CONV 体中的许多神经元都共享参数。全连接层通常用于具有 softmax 函数的最后两层，以取代其他激活函数以输出概率。

4. 总体训练流程

一轮训练包括前向传播和反向传播：

- 对于每个输入图像，首先把它送入卷积层。卷积的结果进一步送入激活函数中（即 CONV+ReLU）。

- 激活函数输出的激活映射然后由最大池化函数（即 POOL）进行聚合。池化会生成较小的映射块，这有助于减少特征的数量。

- 在连接到全连接层之前，CONV(+ReLU) 和池化层将会重复好几次。这增加了网络的深度，而深度的增加能够提高网络建模复杂数据的能力。另外，不同级别的滤波器学习数据在不同级别上的层次表示。有关深度网络表示学习的更多细节请参考第 1 章。

- 输出层通常是全连接的，但是通过使用 softmax 函数可以获得类似于概率的输出。

- 然后将网络输出值与目标值进行比较，以生成误差值，而误差值进一步被用于计算损失函数。通常，损失函数定义为均方误差。在网络的优化阶段会用到损失函数。

- 最后，反向传播误差，以便更新权值矩阵和偏置向量。

要想深入了解卷积网络在计算机视觉领域中的应用，请参阅第 4 章内容。

3.3.2 受限玻耳兹曼机

RBM 是一个只有两层的神经网络：可见层和隐藏层。可见层中的每个节点 / 神经元都与隐藏层中的每个节点有连接。"受限"意味着没有层内通信，也就是说，可见层中的可见节点之间和隐藏层中的隐藏节点之间都没有连接。RBM 是人工智能领域最早引入的模型之一，已成功应用于降维、分类、特征学习和异常检测等许多领域。

图 3-6 展示了 RBM 的基本结构。

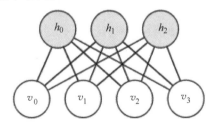

图 3-6　RBM 的基本结构，其只有一个可见层和一个隐藏层

用数学形式表示 RBM 相对比较容易，因为只有几个参数：

- 权值矩阵 $W(n_v \times n_h)$ 描述了可见节点和隐藏节点之间的连接强度。每个矩阵元素 W_{ij} 都是可见节点 i 和隐藏节点 j 之间的连接权重。

- $a(1 \times n_v)$ 和 $b(1 \times n_h)$ 分别为可见层和隐藏层的两个偏置向量，元素 a_i 对应于第 i 个可见节点的偏置值。同样，向量 b 对应于隐含层的偏置值，其中元素 b_j 对应于隐含层的第 j 个节点。

与普通神经网络相比，RBM 有一些明显的差异：

- RBM 是一种生成随机神经网络。通过调整参数，RBM 可以学习输入集合上的概率分布。
- RBM 是一种基于能量的模型。能量函数产生一个基本上对应于某种配置的标量值，用于表示模型处于该配置的概率。
- RBM 以二进制模式进行编码输出，而不是输出概率。
- 神经网络通常通过梯度下降来进行权值更新，但 RBM 使用**对比散度**（Contrastive Divergence,CD）。下面的章节将会详细讨论对比散度。

1. 能量函数

RBM 是一种基于能量的模型。能量函数产生一个标量值，表示模型处于某种配置的概率。

在 Geoffrey Hinton 的教程（Geoffrey Hinton，A Practical Guide to Training Restricted Boltzmann Machines，2010）中，能量函数具有下面的形式：

$$E(v,h) = -\sum_{i \in \text{visible}} a_i v_i - \sum_{j \in \text{hidden}} b_j h_j - \sum_{i \in \text{visible}, j \in \text{hidden}} v_i h_j w_{ij}$$

计算很简单。基本上，可以在偏置和相应单位(可见或隐藏)之间做点积来计算它们对能量函数的贡献。第三项是可见节点和隐藏节点之间连接的能量表示。

在模型学习阶段，这种能量被最小化，即模型参数（W、a_v 和 b_h）按照较小能量配置的方向被更新。

2. 编码与解码

RBM 的训练可以分为两步：前向编码（构造）和反向解码（重构）。在非监督设置中，我们喜欢训练网络来建模输入数据的分布，前向传递和反向传递的具体步骤如下所述。

在前向传递中，来自数据的原始输入值（例如，图像的像素值）由可见节点表示。然后，将它们与权重 W_{ij} 相乘，并与隐偏置值相加（注意，前向传递不使用可见偏置值）。结果值送入激活函数以获得最终输出。如果后面仍有层连接，则此激活结果将用作前向传递的输入。图 3-7 给出了 RBM 的前向传递示例。

在我们简单的 RBM 示例中，只有一个隐藏层和一个可见层，在反向传递中隐藏层的激活值变成输入。它们乘以权值矩阵，然后通过加权边反向传入到可见节点。在每个可见节点上，所有传入的值进行累加并与可见偏置值求和（注意，反向传递不使用隐偏置值）。图 3-8 给出了 RBM 的反向传递示例。

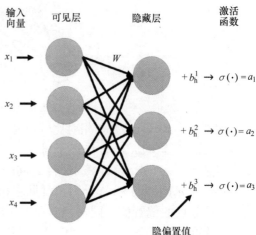

图 3-7　RBM 的前向传递示例

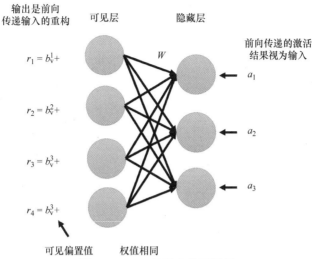

图 3-8　RBM 的反向传递示例

由于 RBM 的权值在开始时是随机的，因此在前几轮中，由重构值和实际数据值计算的重构误差可能很大。因此，通常需要一些迭代来最小化这些误差，直到达到最小的误差为止。前向传递和反向传递帮助模型学习数据输入 x 和激活结果 (作为隐藏层的输出) 的联合概率分布 $p(x,a)$。这就是 RBM 被认为是生成学习算法的原因。

现在的问题是如何更新网络参数。

首先，使用 KL 散度计算误差。为了进一步了解 KL 散度，读者可以参考 David MacKay 撰写的图书《Information Theory,Inference,and Learning Algorithms》的第 34 页（http://www.inference.org.uk/itprnn/book.pdf）。基本上，通过计算两个分布之间的差的积分来计算两个分布的差异。最小化 KL 散度意味着使学到的模型分布（以隐藏层输出的激活值形式）趋近于输入数据分布。许多深度学习算法，采用梯度下降法（如随机梯度下降法）更新参数。然而，RBM 采用一种称为**对比散度**的近似最大似然学习方法进行参数更新。

3. 对比散度 (CD-k)

对比散度可以看作是一种近似的最大似然学习算法。它计算正相位 (第一次编码的能量) 和负相位 (最后一次编码的能量) 之间的散度或差。这相当于最小化模型分布和 (经验) 数据分布之间的 KL 散度。变量 k 是运行对比散度的次数。在实践中，k=1 貌似已经运行得非常好。

基本上，梯度是利用正相位关联梯度和负相位关联梯度两个部分之间的差来进行近似的。正项和负项并不反映该梯度项的符号，而是反映了对其学到的模型概率分布的影响。正关联梯度增加训练数据的概率 (通过减少相应的自由能)，而负关联梯度减小模型生成样本的概率。下面给出了对应的 TensorFlow 伪代码片段：

```
# 定义 Gibbs 采样函数
def sample_prob(probs):
    return tf.nn.relu(tf.sign(probs -tf.random_uniform(tf.shape(probs))))
```

```
hidden_probs_0 = sample_prob(tf.nn.sigmoid(tf.matmul(X,W) + hidden_bias))
visible_probs = sample_prob(tf.nn.sigmoid(tf.matmul(hidden_0,
tf.transpose(W)) + visible_bias))
hidden_probs_1 = tf.nn.sigmoid(tf.matmul(visible_probs,W) + hidden_bias)
# 正关联梯度增加训练数据的概率
w_positive_grad = tf.matmul(tf.transpose(X),hidden_probs_0)
# 减小模型生成样本的概率
w_negative_grad = tf.matmul(tf.transpose(visible_probs), hidden_probs_1)

W = W + alpha * (w_positive_grad -w_negative_grad)
vb = vb + alpha * tf.reduce_mean(X - visible_probs, 0)
hb = hb + alpha * tf.reduce_mean(hidden_probs_0 - hidden_probs_1, 0)
```

在上面的代码片段中，X 是输入数据。例如，MNIST 图像有 784 个像素，所以输入 X 是一个 784 个元素的向量，相应地可见层有 784 个节点。还需注意的是，在 RBM 中输入数据被编码成二进制。对于 MNIST 数据，可以使用 one-hot 编码来转换输入像素值。另外，alpha 是学习率，vb 是可见层的偏置，hb 是隐藏层的偏置，W 是权值矩阵。采样函数 sample_prob 是 Gibbs 采样函数，其决定打开哪个节点。

4. 堆叠 / 连续 RBM

深度置信网络（Deep-Belief Network，DBN）就是一些堆叠在一起的 RBM。前一个 RBM 的输出成为其后面 RBM 的输入。2006 年，Hinton 在他的论文《A fast learning algorithm for deep belief nets》中提出了一种可以逐层地学习深度有向置信网络的快速、贪婪算法。DBN 学习输入的层次表示，并以重构数据为目标，因此 DBN 是非常有用的，尤其在无监督的环境中。

对于连续输入，可以参考另一种称为连续 RBM 的模型，其使用了不同类型的对比散度采样。该模型可以处理在 0~1 之间归一化的图像像素或词向量。

5. RBM 与玻耳兹曼机的比较

玻耳兹曼机（BM）可以看作是对数线性马尔可夫随机场的一种特殊形式，其能量函数在其自由参数上是线性的。为了增加它们对复杂分布的表示能力，可以考虑增加从未观察到的变量（即隐变量或者隐藏神经元）的数量。RBM 建立在 BM 之上，其中的"受限"在于强制没有可见到可见以及隐藏到隐藏之间的连接。

3.3.3　循环神经网络（RNN/LSTM 网络）

在 CNN 或典型的前馈网络中，信息通过在没有反馈回路或不需要考虑信号顺序的节点上执行一系列的数学运算。因此，它们无法处理以序列形式出现的输入。

然而，在实践中，我们有许多序列数据，比如句子和时序数据。其中时序数据包括文本、基因组、手写体、口语词汇或来自传感器、股票市场和政府机构的数值时序数据等。重要的不仅仅是顺序。一行中的下一个值通常在很大程度上依赖于过去的上下文 (长或短)。例如，要预测句子中的下一个单词，需要大量的信息，不仅仅是来自附近的单词，有时还包括句子中的前几个单词。这有助于设置主题和内容。

循环神经网络 (RNN) 是一种新型的人工神经网络，专为这些类型的数据而设计。它考虑到序列顺序 (这个序列可以是任意长度) 及其架构中的内部循环。这意味着网络的任何配置或状态都受到了影响，不仅受当前输入的影响，而且还受到其最近的过去的影响。

3.3.4 RNN 中的单元及其展开

所有的 RNN 都可以被看作是时间维度上的重复模块链或单元链。这种重复的模块或单元可以简化为单个 tanh 层。理解这一点的一种方法是将网络架构在每个时间步上展开或拆开，并将每个时间步视为一个层。我们可以看到，RNN 的深度基本上由序列的时间步长或长度决定。序列的第一个元素，比如句子的词，相当于第一层。

图 3-9 显示了时间轴上单个循环单元的展开。

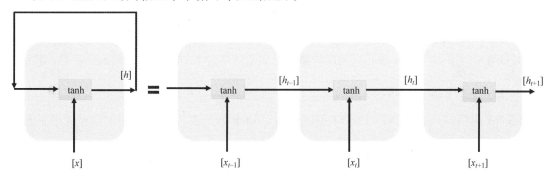

图 3-9 展开的 RNN。标准 RNN 中的重复模块实际上包含一个单独的层

3.3.5 通过时间的反向传播

在前馈网络中，**反向传播 (BP)** 首先计算输出层的最终误差，然后逐层反向向输入端传送。在每一步，它计算误差关于权值的偏导数 $\partial E / \partial w$。然后通过优化方法 (比如梯度下降)，使用这些导数在减小误差的方向上调整权重。

类似地，在循环网络中，网络通过时间展开后，反向传播可以被认为是时间维上的扩展，这被称为**通过时间的反向传播（BPTT）**。计算非常相似，只是在时间轴上用一系列相似的单元替换了一系列层。

3.3.6 梯度消失与 LSTM 网络

类似于所有的深层架构，网络越深，梯度消失问题就越严重。发生的事情是，网络开始时的权重变化越来越小。考虑到网络的权重是随机生成的，在不移动权值的情况下，能从数据中学到的东西很少。这种所谓的梯度消失问题也影响 RNN。

RNN 中的每一个时间步都可以看作是一个层。然后，在反向传播期间，误差将从一个时间步传送到前一个时间步。因此，网络的深度就是时间步的数目。在许多实际问题中，如词句、段落或其他时间序列数据，输入到 RNN 的序列可能很长。RNN 善于处理序列相关问题的原因是，它们善于保留以前输入的重要信息，并利用这些过去的上下文信息来修改当前的输出。如果序列非常长，并且在训练或 BPTT 期间计算的梯度消失 (假设展开的 RNN 很深，这是由于多次与 0~1 之间的值相乘的结果) 或爆炸，那么网络就会学习得非常慢。

例如，如果我们从句子中学习以预测后面的单词，那么句子中的第一个单词对于主题可能非常重要，因为它为整个句子设置了上下文，甚至对预测句子中的最后一个单词也很重要。在通过时间轴不能正确地学习权重的情况下，我们可能已经丢失了这样的信息。

在 20 世纪 90 年代中期，德国研究人员 Sepp Hochreiter 和 Juergen Schmidhuber 提出了一种循环网络的变体，即所谓的 "长短时记忆 (LSTM) 网络"，作为梯度消失问题的解决方案。

LSTM 网络通过引入更多的门来控制对单元状态的访问，从而解决了对长序列进行训练并保留记忆的问题。新的单元结构有助于保持一个更恒定的误差，以便允许循环网络在许多时间步（有时可能超过 1000）中继续学习。

除了结合前一时刻的输出和当前的输入来产生输出之外，不同于典型的 RNN，LSTM 网络保留了隐状态信息，并结合它来产生输出以及更新新的单元状态。这意味着，RNN 的当前输出由两项决定：当前输入和前一个输出。而 LSTM 网络的当前输出由三项决定：当前输入、前一个输出和前一个状态。RNN 单元只输出隐藏值，而 LSTM 单元同时输出隐藏值和新单元状态。

3.3.7 LSTM 网络中的单元和网关

LSTM 网络由许多连接的 LSTM 单元组成，每个单元都可以认为是由三个重要的网关组成。这些网关决定了过去或现在的信息是否通过。

图 3-10 显示了一个标准的 LSTM 记忆单元。在这个单元中，向量乘法和向量加法由里面有符号的深色圆表示。将一个向量与另一个所有元素值都在 [0,1] 范围内的向量相乘，称为门控。在 [0,1] 范围中生成向量可以被认为是一个过滤过程。C_{t-1} 是前一时刻的单元状态。C_t 是基于当前输入更新后的单元状态。h_t 是当前的预测或输出，h_{t-1} 是之前的预测或输出 (如果在网络中仅使用一个 LSTM 单元，那么 h_t 是预测输出；如果在网络架构中堆叠了多个 LSTM 单元，则 h_t 被认为是当前 LSTM 单元的隐藏输出)。

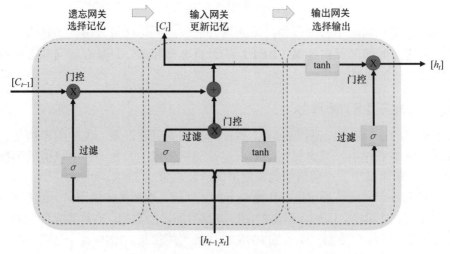

图 3-10　LSTM 网络架构（包含 3 个网关）中的重复模块或单元

在每个单元中，对传入的信息（当前输入 x_t，单元的以前输出 h_{t-1}，以及上一时刻的单元状态 C_{t-1}）执行三个步骤。在图 3-10 中，x_t 和 h_{t-1} 通过连接操作被组合在一起。

1. 步骤 1 遗忘网关

遗忘网关决定了想要保留或丢弃过去单元状态 C_{t-1} 的哪一部分记忆。这是通过将 $[h_{t-1}, x_t]$ 送入激活函数 (sigmoid) 获得一个指示向量，然后将该向量 (门控) 与先前的单元状态向量 C_{t-1} 相乘来实现的。

结果 f_t 代表了从先前状态中记住的信息，我们认为这些信息对于当前值有用。

2. 步骤 2 更新记忆或单元状态

下一步是将单元状态从 C_{t-1} 更新到 C_t。具体操作是将步骤 1 所选的隐藏记忆与当前输入的过滤版本进行相加组合。过滤又是通过所谓的**输入网关**进行的，其中输入网关是一个 sigmoid 层，其决定了想要更新的值。该过滤结果乘以 tanh 的激活结果，然后与遗忘网关选定的记忆向量相加。结果用于更新单元状态 C_t。

3. 步骤 3 输出网关

输出网关决定我们将输出什么，也就是说，有选择地决定我们想输出当前单元状态的哪些部分作为新的隐藏状态 / 输出 / 预测。再一次，sigmoid 节点用于从 $[h_{t-1}, x_t]$ 中生成过滤向量 (决定当前单元状态的哪些部分将被选中)。然后，将当前的单元状态 C_t 送入到 tanh(为了将值压缩到 $-1 \sim 1$ 之间)，并乘以 sigmoid 网关的输出。最后得到最终的输出 h_t。

3.4 应用示例

本节展示了一个可用神经网络解决的实际问题。本节将介绍该问题，并利用 Tensor-Flow 构建神经网络模型来解决它。

3.4.1 TensorFlow 设置与关键概念

首先建议读者按照网址 https://www.tensorflow.org/install/ 中的说明安装 TensorFlow。使用 Python 作为编程语言。代码示例中主要使用了三个关键概念：

- **张量**：张量是 TensorFlow 的中心数据单元。可以将其看作是任何维度的矩阵。张量内的元素是原始值。例如，下面给出了张量示例：

  5 是一个标量，也是秩为 0 的一个张量
  [[0, 1, 2], [3, 4, 5]] 是形状为 [2, 3] 的矩阵，也是秩为 2 的张量

- **TensorFlow 会话**：TensorFlow 会话封装了 TensorFlow 运行时的控件和状态。
- **计算图**：排列到计算图节点中的一组 TensorFlow 操作。图的边是张量。节点可以是张量或操作。在 TensorFlow 中，需要构建计算图并运行计算图。例如，下面的代码构建了包含三个节点的图，其中 node1 和 node2 输出常量，而 node3 是从 node1 和 node2 添加两个常量的一个加法操作：

```
node1 = tf.constant(1.0, dtype=tf.float32)
node2 = tf.constant(2.0, dtype=tf.float32)
node3 = tf.add(node1, node2)
```

然后可以使用下面的代码来运行该图：

```
sess = tf.Session()
print("sess.run(node3):", sess.run(node3))
```

前面代码的输出如下：

```
sess.run(node3):3.0
```

3.4.2 手写数字识别

手写数字识别的挑战在于识别手写数字图像中的数字。它在许多场景中都很有用，比如识别信封上的邮政编码。本例将使用 MNIST 数据集来开发和评估用于手写数字识别的神经网络模型。

MNIST 是一个托管在 http://yann.lecun.com/exdb/mnist/ 上的计算机视觉数据集。它包括手写数字的灰度图像和正确的数字标签。每幅图像的大小为 28 像素 ×28 像素。样本图像如图 3-11 所示。

图 3-11 MNIST 数据集的样本图像

MNIST 数据分为三部分：55000 幅图像的训练数据，10000 幅图像的测试数据，以及 5000 幅图像的验证数据。每幅图像都有自己的标签，代表一个数字。目标是将图像分类为数字，换句话说，将每个图像与 10 个类中的 1 个相关联。

可以使用 0~1 之间的浮点数组成的 1×784 向量表示图像。数字 784 是大小为 28×28 图像中的像素数。通过将二维图像转换为一维向量来获得 1×784 向量。可以将标签表示为一个 1×10 的二值向量，其中只有一个元素为 1，其余元素都为 0。将使用 TensorFlow 构建一个深度学习模型，以便基于给定的 1×784 数据向量预测 1×10 标签向量。

首先导入数据集：

```
from tensorflow.examples.tutorials.mnist importinput_data
mnist = input_data.read_data_sets('MNIST_data', one_hot=True)
```

然后定义 CNN 的一些基本构建块：
- 权值：

```
def weight_variable(shape):
    # 用对称破坏的小噪声初始化权重
```

```
initial = tf.truncated_normal(shape, stddev=0.1)
return tf.Variable(initial)
```

- 偏置参数：

```
def bias_variable(shape):
    # 将偏置参数初始化为小的正数，以避免死神经元
    # neurons
    initial = tf.constant(0.1, shape=shape)
    return tf.Variable(initial)
```

- 卷积：

```
def conv2d(x, W):
    # x 的第一维是批处理大小
    return tf.nn.conv2d(x, W, strides=[1, 1, 1, 1],
                        padding='SAME')
```

- 最大池化：

```
def max_pool_2x2(x):
    return tf.nn.max_pool(x, ksize=[1, 2, 2, 1],
                          strides=[1, 2, 2, 1], padding='SAME')
```

现在通过使用基本构建块的计算图来构建神经网络模型。我们的模型由两个卷积层组成，每个卷积层后面有一个池化层，最后一层是全连接层。图 3-12 给出了网络架构。

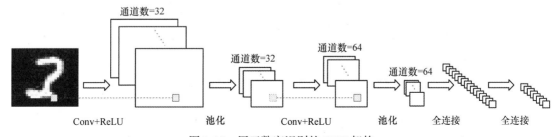

图 3-12   用于数字识别的 CNN 架构

以下代码实现了这个 CNN 架构：

```
x = tf.placeholder(tf.float32, shape=[None, 784])
y_ = tf.placeholder(tf.float32, shape=[None, 10]) # 真实标签
# 第一个卷积层
W_conv1 = weight_variable([5, 5, 1, 32])
b_conv1 = bias_variable([32])
# x_image 的第一维是批处理大小
x_image = tf.reshape(x, [-1, 28, 28, 1])
h_conv1 = tf.nn.relu(conv2d(x_image, W_conv1) + b_conv1)
h_pool1 = max_pool_2x2(h_conv1)
# 第二个卷积层
W_conv2 = weight_variable([5, 5, 32, 64])
```

```
b_conv2 = bias_variable([64])
h_conv2 = tf.nn.relu(conv2d(h_pool1, W_conv2) + b_conv2)
h_pool2 = max_pool_2x2(h_conv2)
# 全连接层
W_fc1 = weight_variable([7 * 7 * 64, 1024])
b_fc1 = bias_variable([1024])
h_pool2_flat = tf.reshape(h_pool2, [-1, 7*7*64])
h_fc1 = tf.nn.relu(tf.matmul(h_pool2_flat, W_fc1) +b_fc1)
```

也使用 Dropout 减小过拟合：

```
keep_prob = tf.placeholder(tf.float32)
h_fc1_drop = tf.nn.dropout(h_fc1, keep_prob)
```

现在构建最后一层，读出层：

```
W_fc2 = weight_variable([1024, 10])
b_fc2 = bias_variable([10])
# 读出层
y_conv = tf.matmul(h_fc1_drop, W_fc2) + b_fc2
h_fc1_drop = tf.nn.dropout(h_fc1, keep_prob)
```

现在定义代价函数并训练参数：

```
cross_entropy = tf.reduce_mean(
    tf.nn.softmax_cross_entropy_with_logits(labels=y_, logits=y_conv))
train_step = tf.train.AdamOptimizer(1e-4).minimize(cross_entropy)
```

下面定义评估：

```
correct_prediction = tf.equal(tf.argmax(y_conv, 1), tf.argmax(y_, 1))
accuracy = tf.reduce_mean(tf.cast(correct_prediction, tf.float32))
```

最后，可以在一个会话中运行图：

```
with tf.Session() as sess:
    sess.run(tf.global_variables_initializer())
    for i in range(2000):
        batch = mnist.train.next_batch(50)
        if i % 20 == 0:
            train_accuracy = accuracy.eval(feed_dict={
                x: batch[0], y_: batch[1], keep_prob: 1.0})
            print('step %d, training accuracy %g' % (i, train_accuracy))
        train_step.run(feed_dict={x: batch[0], y_: batch[1],
                                  keep_prob: 0.5})
    print('test accuracy %g' % accuracy.eval(
        feed_dict={
            x: mnist.test.images,
            y_: mnist.test.labels,
            keep_prob: 1.0}))
```

最后，使用简单的 CNN 在该 MNIST 数据集的测试数据上达到了 99.2% 的精度。

3.5　小结

本章从基本的多层感知机网络开始，讨论了基本结构，比如输入 / 输出层以及各种类型的激活函数。还提供了有关网络如何学习的详细步骤，重点放在反向传播和其他几个重要组件上。考虑到这些基本原理，介绍了三种主流的网络类型：CNN、RBM 和 RNN（及其变体 LSTM）。对于每个特定的网络类型，对每个架构中的关键构建块进行了详细解释。最后，给出了一个实际示例，说明如何使用 TensorFlow 进行端到端应用。下一章将讨论神经网络在计算机视觉中的应用，包括流行的网络架构、最佳实践和实际的工作示例。

第 4 章
计算机视觉中的深度学习

前一章介绍了神经网络的基础知识，以及如何训练和应用它来解决特定的**人工智能 (AI)** 任务。正如本章所概述的那样，计算机视觉领域广泛使用的最流行的深度学习模型之一是卷积神经网络（CNN）。本章旨在更详细地介绍 CNN，将讨论对 CNN 工作至关重要的核心概念，以及它们如何被用于解决现实世界中的计算机视觉问题。本章将特别回答以下问题：

- CNN 是如何产生的，其历史意义是什么？
- 哪些核心概念构成了理解 CNN 的基础？
- 当前使用的一些主流 CNN 架构有哪些？
- 如何使用 TensorFlow 实现 CNN 的基本功能？
- 如何微调一个预先训练好的 CNN，并在你的应用中使用它？

4.1 卷积神经网络的起源

人们往往把 1943 年的第一个计算机模型归功于 Walter Pitts 和 Warren McCulloch，该模型的灵感来自于人脑的神经网络结构。他们提出了一种技术，其不仅启发了基于逻辑的设计概念，而且提供了一种体系，并且在未来对这种体系的改进导致了有限自动机的发明。

McCulloch-Pitts 网络是一个有向图，其中每个节点是一个神经元，边被标记为兴奋 (1) 或抑制 (0)，并使用阈值逻辑复制人类的思维过程。

这种设计的挑战之一是学习阈值或权重，这将在后面定义。Henry J. Kelley 在 1960 年以连续**反向传播模型**的形式提供了这种学习算法的第一个版本，然后 Arthur Bryson 对其进行了改进。**链式法则**是由 Stuart Dreyfus 开发的，是对最初的反向传播模型的简化。尽管模型和学习算法都是早期设计的，但它们的低效性导致了研究界的延迟采用。

深度学习算法最早的工作实现是在 1965 年由 Ivakhnenko 和 Lapa 完成的。他们使用具有多项式激活函数的模型，并进一步进行了统计分析。从每一层，他们选择统计上最好的特征，并将其送入到下一层，这通常是一个缓慢的手工过程。在他们 1971 年的论文中，他们还描述了一个名为 **alpha** 的深度神经网络系统。该系统有 8 层，由**数据处理算法的分组方法**进行训练。然而，这些系统都没有特别用于机器感知或视觉任务。这一系列工作的最早灵感来自于 Hubel 和 Wiesel 在 20 世纪 50 年代和 60 年代的工作。他们展示了猫和猴子的视觉皮层含有对视野中的一小块区域单独做出反应的神经元，其中视野中的小区域也被称为感受野。

他们所做的一个重要观察是邻近的细胞有相似和重叠的感受野,并且这些感受野平铺在整个视觉皮层上。他们还发现,视觉皮层中的细胞由简单细胞和复杂细胞组成。简单细胞对直边有响应,并对其感受野有特定的方向。另一方面,复杂细胞是由各种简单细胞的投影形成的。尽管它们对相同边缘方向的响应与它们对应的简单细胞相同,但它们在更广泛的感受野上将所有内在的简单细胞的响应进行了整合。这导致复杂细胞对于感受野中边缘的确切位置是平移不变的或不敏感的。这是在当前实践中设计和实现 CNN 背后的架构原则之一。

受 Hubel 和 Wiesel 工作启发的第一个现实世界系统是 **neocognitron**,由 Kunihiko Fukushima 开发。neocognitron 通常被称为现实世界中的第一个 CNN 实现。neocognitron 的主要目标是学习从 0~9 的手写数字。在这个特别的设计中,neocognitron 由 9 层构成,每层由两组细胞组成:**S 细胞**(由 s 层简单细胞组成)和 **C 细胞**(包含一层复杂细胞)。每层都被进一步分成不同数量的平面,但是层内的每个平面具有相同数量的神经元,也被称为**处理元件**。每一层都有不同数量的简单和复杂细胞平面。例如,U_{S1} 有 12 个平面,而每个平面包含 19×19 个简单细胞。

输入数字的正确分类由最右边 C 细胞层中具有最强响应的类确定。这些早期的模型为视觉皮层的数学建模提供了优雅的形式。但是,学习这些模型的参数仍然是一项艰巨的任务。直到 1985 年,Rumelhart、Williams 和 Hinton 才应用反向传播技术学习神经网络。他们展示了使用反向传播、神经网络可以学习有趣的分布表示。当 Yann LeCun 演示了反向传播在银行支票的手写数字识别上的实际应用时,反向传播的成功仍在继续。这些高级模型需要的计算能力远远超过了当时的硬件条件。然而,不久之后,现代**图形处理单元(GPU)**在 21 世纪初的发展将运算速度提高了 1000 倍。正如我们今天所知,这为在大量图像数据上实际应用深层 CNN 模型铺平了道路。

4.2 卷积神经网络

通过上一章可知神经网络是由神经元组成的,神经元具有权值和偏置参数,它们需要在训练数据集上进行学习。这种网络被组织成层,而每层由多个不同的神经元组成。每一层的神经元通过一些边连接到下一层的神经元,这些边携带从训练数据集中学到的权重。每个神经元还具有预先选择的激活函数。对于接收到的每一个输入,神经元用其学到的权重计算点积,并把点积结果传入到它的激活函数以产生响应。虽然这种架构适用于小规模数据集,但是它存在规模上的挑战。

想象一下,正在试图通过神经网络训练一个图像识别系统。输入图像为 $32 \times 32 \times 3$,这意味着它们有三个颜色通道:红色、绿色和蓝色 (RGB),并且每个通道的图像有 32 像素宽和 32 像素高。如果输入这个图像,并将第一层的神经元全连接到下一层,每个神经元将有 $32 \times 32 \times 3 = 3072$ 的边或权重,如图 4-1 所示。要在这个大空间上学习一个良好的权重表示,需要大量的数据和计算能力。如果将图像的大小从 32×32 增加到 200×200,则这种规模上的挑战将以多项式方式增长。这不仅会带来计算上的挑战,而且这种参数爆炸必然会导致

过拟合，这是一种非常常见的机器学习陷阱。

CNN 是专门为解决这一问题而设计的。如果 CNN 的输入具有典型的网格状结构，就像图像那样，则它们可以工作得很好。与常规的神经网络不同，CNN 将输入数据组织成一个三维（分别代表**宽度**、**高度**和**通道数**）的张量结构。为了防止参数爆炸，一层中的每一卷只与下一层卷中的空间相关区域相连。这确保了随着层数的增加，每个神经元对其位置具有局部影响（见图 4-2）。最后，输出层可以将高维输入图像缩减为输出类的单个向量。

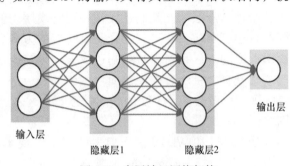

图 4-1　多层神经网络架构

（图片来源：https://raw.githubusercontent.com/cs231n/cs231n.github.io/master/assets/nn1/neural_net2.jpeg）

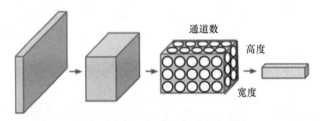

图 4-2　CNN 的卷积层架构

（图片来源：https://github.com/cs231n/cs231n.github.io/blob/master/assets/cnn/cnn.jpeg）

在 CNN 被命名之后，最重要的想法之一就是卷积运算。卷积运算可以理解为两个实值信号的插值。举例来说，假设有一汪清澈的湖水，你决定从岸边捡起一块石头扔到湖里。当这块石头撞击到水面时，它会从石头和水面的撞击点产生波纹。就卷积而言，可以解释这种波纹效应是岩石在水面上的卷积运算结果。卷积的过程测量一个信号与另一个信号相结合时的影响。它的主要应用之一是在信号中寻找模式。

一个这样的例子就是在图像处理中常用的平均滤波器。有时，当捕获的图像具有非常锐利的边缘时，可能需要添加一种模糊效果，也就是所谓的**平均滤波**。卷积通常是实现这种效果的最常用工具。如图 4-3 所示，左侧的矩阵（**输入数据**）与右侧的矩阵（**卷积核**）进行卷积时，会生成一个输出，也称为**特征映射**。

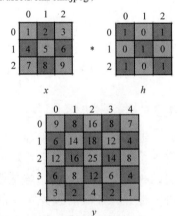

图 4-3　卷积运算示例

（图片来源：https://upload.wikimedia.org/wikipedia/commons/f/f4/Wik_Kaminari3400_splot_2D_my.PNG）

从数学上讲，卷积可以定义如下：

$$s(t) = (x \circledast w)(t) = \int_{-\infty}^{\infty} x(k)w(t-k)\mathrm{d}k$$

式中，x 是输入数据；w 是核参数；s 是特征映射。

4.2.1 数据变换

通常，在任何实际的 CNN 实现中，数据处理和数据变换是达到良好精度的关键步骤。本节将介绍一些基本但重要的数据变换步骤，这些步骤在当前的实践中更为常用。

1. 输入预处理

假设数据集 X 具有 N 个图像，并且每个图像都可以展平为 D 个像素。通常在 X 上执行以下三个处理步骤：

- **去均值**：在这一步中，计算整个数据集的平均图像，并从每幅图像中减去这个平均图像。这一步骤的作用是将数据集中到每个特征维度的原点。在 Python 中实现这一步骤的代码如下：

```
import numpy as np

mean_X = np.mean(X, axis=0)
centered_X = X -mean_X
```

- **归一化**：去均值步骤后面往往是一个归一化步骤，其作用是按相同的比例缩放每个特征维度。这是通过将每个特征列除以其标准差来完成的。图 4-4 说明了标准化对输入数据的影响，其可以用 Python 实现。

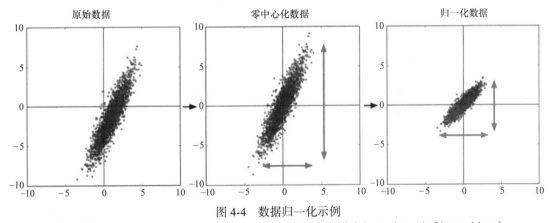

图 4-4　数据归一化示例

（图片来源：https://raw.githubusercontent.com/cs231n/cs231n.github.io/master/assets/nn2/prepro1.jpeg）

获得归一化数据的代码如下：

```
std_X = np.std(centered_X, axis=0)
normalized_X = centered_X / std_X
```

- **PCA 白化变换**：一般来说，用于神经网络的另一个重要变换步骤是使用**主成分分析（PCA）**的白化变换。尽管这种方法并未广泛用于 CNN，但是其是值得在此描述的重要步骤。白化变换可以理解为通过计算协方差矩阵将数据去相关，并根据需要使用协方差矩阵将数据的维数降到最高的一些主成分的过程。图 4-5 给出了这一步的几何解释。采用 Python 进行实现的代码如下：

```
# 基于中心化的数据计算协方差矩阵
cov_matrix = np.dot(centered_X.T, centered_X) / centered_X.shape[0]
# 执行奇异值分解
U,S,V = np.linalg.svd(cov_matrix)
# 计算不降维时的白化数据
decorr_X = np.dot(centered_X, U)  # 数据去相关
# 计算白化数据
whitened_X = decorr_X / np.sqrt(S + 1e-5)
```

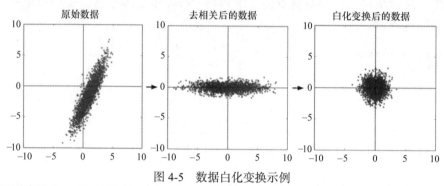

图 4-5　数据白化变换示例

（图片来源：https://raw.githubusercontent.com/cs231n/cs231n.github.io/master/assets/nn2/prepro2.jpeg）

2. 数据扩充

提高识别性能的最常用技巧之一是以智能的方式扩充训练数据。有多种策略可以实现这种效果：

- **平移和旋转不变性**：为了网络学习平移和旋转不变性，经常建议用图像的不同透视变换来扩充图像的训练数据集。例如，可以获取一个输入图像并将其水平翻转，然后将翻转后的图像添加到训练数据集中。除了水平翻转之外，还可以在其他可能的变换中将它们平移几个像素。
- **尺度不变性**：CNN 的局限性之一是其无法有效识别不同尺度的物体。为了克服这个缺点，通过输入图像的随机剪切来扩充训练集是一个好的想法。这些随机剪切可以看作训练图像的子采样版本。也可以将这些随机剪切上采样到输入图像的原始高度和宽度。
- **颜色扰动**：一个更有趣的数据变换是直接扰动输入图像的颜色值。

4.2.2　网络层

正如前面章节介绍的那样，典型的 CNN 架构由一系列的层组成，每个层将输入图像张量转换为输出张量。这些层中的每一个可能属于多个类别。每一类网络层在网络中都有特定的用途。图 4-6 显示了由**输入层**、**卷积层**、**池化层**和**全连接层（FC）**组成的这种网络的一个示例。一个典型的卷积网络可以有形如 [INPUT-> CONV-> POOL-> FC] 的架构。

本节将对这些层中的每一个进行更详细地描述，并讨论它们在图像处理中的作用和意义。

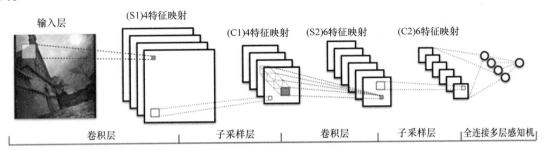

图 4-6　卷积网络架构示例

（图片来源：http://deeplearning.net/tutorial/_images/mylenet.png）

1. 卷积层

卷积层是 CNN 的核心构建块之一，它负责将特定的卷积滤波器应用于输入图像。该滤波器应用于图像的每个子区域，而子区域由卷积层的局部连接参数进一步定义。每个滤波器应用产生特定像素位置的一个标量值，所有像素位置的标量值组合通常称为**特征映射**。例如，如果使用 12 个滤波器在每个像素位置上对 32×32 的图像进行卷积，那么将产生 12 个输出特征映射，每个大小为 32×32。在这种情况下，每个特征映射将通过对应的特定卷积滤波器来计算。图 4-7 给出的卷积层示例更详细地说明了这一概念。

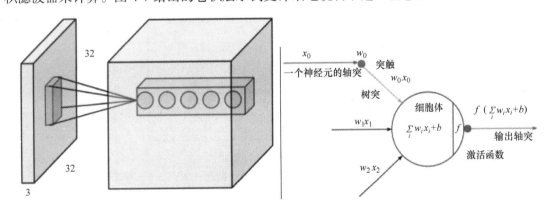

图 4-7　卷积层示例

（图片来源：https://raw.githubusercontent.com/cs231n/cs231n.github.io/master/assets/cnn/depthcol.jpeg，https://raw.githubusercontent.com/cs231n/cs231n.github.io/master/assets/nn1/neuron_model.jpeg）

从这个讨论中产生的一个重要问题是，如何选择一个特定的滤波器来对图像进行卷积？为了回答这个问题，这个滤波器事实上是一个模型的实际可学习参数，而该模型必须通过给定的训练数据集进行学习。因此，该滤波器的设计成为确保网络高性能的极其重要的步骤。一个典型的滤波器可能是 5 个像素高和 5 个像素宽。然而，在整个输入卷上应用这种滤波器的组合起到了强大的特征检测器的作用。这种滤波器的训练过程也相对简单。首先，需要决定应用在网络中的每个卷积层上的滤波器数量和大小。在训练过程的开始阶段，这些滤波器的初始值通过随机选择进行初始化。在反向传播算法的前向传递过程中，每个滤波器在输入图像中的每个可能像素值上进行卷积以生成特征映射。这些特征映射然后用作后续层的输入图像张量，从而从原始图像中提取出更高层次的图像特征。

需要注意的一点是，计算每个输入像素位置的特征映射值在计算上是低效和冗余的。例如，如果输入卷的大小为 $[32 \times 32 \times 3]$，并且滤波器的大小为 5×5，则卷积层中的每个神经元将连接到输入卷的大小为 $[5 \times 5 \times 3]$ 的区域，生成总共 $5 \times 5 \times 3 = 75$ 个权值（以及 1 个偏置参数）。为了减少这种参数爆炸，有时使用一个称为**步幅长度**的参数。步幅长度表示两个连续滤波器应用位置之间的间隙，从而显著减小了输出张量的大小。

一个经常在卷积之后应用的后处理层是**校正线性单元（ReLU）**。ReLU 计算函数 $f(x)=max(0, x)$。ReLU 的优点之一是它极大地加速了**随机梯度下降（SGD）**等学习算法的收敛。

2. 池化或子采样层

在 CNN 中，池化或子采样层通常紧跟在卷积层之后。它的作用是沿高度和宽度的空间维度对卷积层的输出进行降采样。例如，在 12 个大小为 32×32 的特征映射之上进行 2×2 的池化操作将产生一个大小为 $[16 \times 16 \times 12]$ 的输出张量（见图 4-8）。

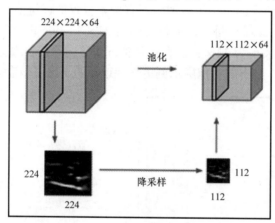

图 4-8　池化或子采样层示例

（图片来源：https://raw.githubusercontent.com/cs231n/cs231n.github.io/master/assets/cnn/pool.jpeg）

池化的主要功能是减少网络要学习的参数数量。这还具有减少过拟合的附加效果，并因此提高网络的整体性能和精度。

围绕池化有多种技术。一些最常见的池化技术是：

- **最大池化**：在这种情况下，每个池区（上例中为 2×2）的特征映射被单个值所取代，该值是池区内 4 个值的**最大值**。
- **平均池化**：在这种情况下，每个池区（上例中为 2×2）的特征映射被单个值所取代，该值是池区内 4 个值的**平均值**。

通常，一个池化层接受以下内容：

- 输入卷大小：$[W_1 * H_1 * D_1]$。
- 需要两个参数：

- 池化的空间范围 $[F_x, F_y]$ ；
- 步幅 $[S_x, S_y]$。
- 生成大小为 $[W_2 * H_2 * D_2]$ 的卷，其中：
  - $W_2 = (W_2 - F_x)/S_x + 1$ ；
  - $H_2 = (H_2 - F_y)/S_y + 1$ ；
  - $D_2 = D_1$。

3. 全连接或密集层

CNN 的最后一层通常是全连接层，也称为**密集层**。该层中的神经元完全连接到前一层中的所有激活。这一层的输出通常看作类别分数，其中该层中的神经元数量一般等于类别数量。

使用先前描述的网络层组合，CNN 将输入图像转换为最终的类别分数。每一层都以不同的方式工作，并具有不同的参数要求。这些层中的参数是通过反向传播方式的基于梯度下降算法进行学习的。

4.2.3 网络初始化

CNN 训练中一个看似微不足道但却至关重要的方面是网络初始化。每个 CNN 层都有一定的参数或权重，可以通过训练集进行训练。学习这些最优权重的最流行算法是 SGD。SGD 的输入包括初始权值集、损失函数和带标签的训练数据。SGD 将根据训练数据中的标签使用初始权重计算损失值，并调整其权重以减少损失。调整后的权重将被送入到下一个迭代中，在这个迭代中，以前的过程继续进行，直到收敛。从这一过程可以看出，网络初始化时初始权重的选择对网络训练的收敛质量和收敛速度有着至关重要的影响。因此，针对这一问题已经采取了很多策略。其中一些概述如下：

- **随机初始化**：在该方案中，所有权重的初始值都是随机分配的。随机分配的一个好的做法是确保随机样本来自于零均值和单位标准差的高斯分布。随机化背后的想法很简单——想象一下，如果网络中的每个神经元都具有非常相似或相同的权重指派，那么每个神经元将计算完全相同的损失值并在每次迭代中进行相同的梯度更新。这意味着每个神经元都将学习相似的特征，而网络的多样性将不足以从数据中学习有趣的模式。为了确保网络的多样性，需要使用随机权重。这将确保权重不对称分配，从而导致网络的多样化学习。随机初始化的一个技巧是网络方差。如果随机定义权重，神经元的输出分布将会有较高的方差。一种建议是用层输入的数量对权重进行归一化。

- **稀疏初始化**：由 Sutskever 等人使用。在该方案中，随机选择一个神经元，并将其随机地连接到前一层的 K 个神经元。如前所述，每个神经元的权重都是随机分配的。典型的 K 的取值是 10~15。这种想法背后的核心直觉是将连接到每个单元的数量与前一层中的单元数解耦。在这种情况下，将偏置参数初始化为 0 通常是个好想法。对于 ReLU，可能需要选择一个小的常量，如 0.01，以确保一些梯度向前传播。

- **批处理归一化**：由 Ioffe 和 Szegedy 发明，旨在对网络初始化不佳的问题具有鲁棒性。

该方案的中心思想是，在训练阶段开始时，强制整个网络自我归一化到单位高斯分布。它具有两个参数 γ 和 β，并生成输入 X_i 的批处理归一化版本 $BN(X_i)$：

$$\mu_{\mathrm{B}} = \frac{1}{m}\sum_{i=1}^{m}X_i; \sigma_{\mathrm{B}}^2 = \frac{1}{m}\sum_{i=1}^{m}(X_i - \mu_{\mathrm{b}})^2$$

$$\hat{X}_i = \frac{X_i - \mu_{\mathrm{B}}}{\sqrt{\sigma_{\mathrm{B}}^2 + \epsilon}}$$

$$BN(X_i) = \gamma * \hat{X}_i + \beta$$

4.2.4　正则化

训练 CNN 的挑战之一是过拟合。过拟合可以被定义为一种现象，即 CNN 或一般的任何学习算法在优化训练误差方面表现得很好，但是在测试数据上无法泛化得很好。科研界用来解决这个问题的最常用方法是**正则化**，它只是对正在优化的损失函数添加一个惩罚。正则化网络有多种方式。一些常见的技术解释如下：

- **L2 正则化**：一种最常见的正则化形式，L2 正则化器对权重实施平方惩罚，权重越高，惩罚越大。这确保了一旦网络被训练，最优权重的值会较小。直观地说，这意味着具有较小权重的网络将适当地使用其所有的输入，并且将更加多样化。在网络中拥有较高的权重会使网络更多地依赖于具有较高权重的神经元，最终使其产生偏差。图 4-9 直观地说明了这一效果，在 L2 正则化之后，能够看到更多的权值集中在 **−0.2~+0.2** 之间，而不是正则化之前的 **−0.5~+0.5** 之间。

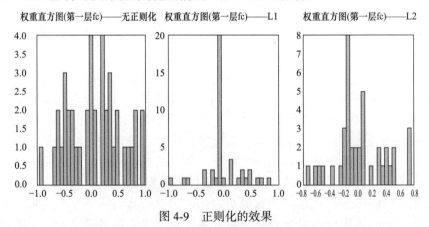

图 4-9　正则化的效果

- **L1 正则化**：L2 正则化的一个问题是，即使结果权值较小，但它们大多是正的。这意味着，网络正在接收多个输入，即使输入的权值较小。当处理噪声输入时，这将成为一个问题。要想完全消除接收的噪声输入，理想情况下，希望此类输入的权重为 0。这为 L1 正则化铺平了道路。在这种情况下，需要在权重上加上一阶惩罚，而不是像 L2 这样的二阶惩罚。这种正则化的效果可以从图 4-9 中看出。可以看到较少的权重箱现在是非空的，这表明网络已经学到了稀疏权重，这对于噪声输入来说更鲁棒。也可以在单个正则化方案中结合 L1 和 L2 正则化，这也称为**弹性网正则化**。

- **最大范数约束正则化**：在此方案中，将约束权值向量的最大可能范数不大于预先指定的值，比如 $\|\hat{W}\|_2 \leqslant k$。这样可以确保网络权值和更新始终是有界的，并且不依赖于网络学习率的大小等因素。
- **Dropout 正则化**：正则化的最新进展之一是 Dropout。Dropout 的思想是使用一个定义了概率的参数 p，通过这个概率只能使用下一层中某些神经元的激活。图 4-10 给出了一个 Dropout 正则化示例。使用 Dropout 参数 0.5 和 4 个神经元，随机选择 2 个神经元（0.5×4），其激活将被送入到下一层。由于在训练期间丢弃了激活，因此需要适当地缩放激活，以便在测试阶段保持不变。要做到这一点，需要执行一个**逆 Dropout**，它将通过因子 $1/p$ 缩放激活。

可以通过使用下面的代码在 TensorFlow 中添加一个 Dropout 层：

```
dropout_rate = 0.5
fc = tf.layers.dropout(fc, rate=dropout_rate, training=is_training)
```

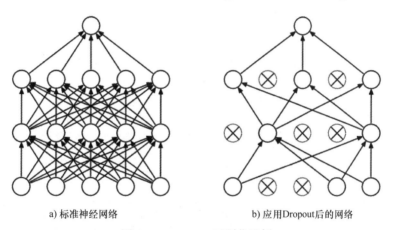

a) 标准神经网络   b) 应用Dropout后的网络

图 4-10　Dropout 正则化示例

（图片来源：https://raw.githubusercontent.com/cs231n/cs231n.github.io/master/assets/nn2/dropout.jpeg）

4.2.5　损失函数

到目前为止，我们已经看到 CNN 是使用基于梯度下降的算法进行训练的，该算法试图基于给定训练数据最小化损失函数。有多种方法可以定义如何选择这种损失函数。本节将介绍一些 CNN 训练最常用的损失函数。

- **交叉熵损失**：这是 CNN 最常用的损失函数之一。它基于交叉熵的概念，交叉熵是真实分布 p 和估计分布 q 之间的距离度量，可以定义为 $H(p,q) = -\sum_x p(x)\log(q(x))$。利用该度量，交叉熵损失可定义为：

$$L_i = -f_{y_i} + \log\left(\sum_j e^{f_j}\right)$$

- **铰链损失**：铰链损失可以简单地定义如下：

$$L_i = \sum_{j \neq y_i} \max(0, w_j^T x_i - w_{y_i}^T x_i + \delta)$$

下面给出一个例子用于理解这个损失函数。假设已有三个类，对于给定的数据点，CNN 按类的顺序依次输出每个类的分数：[10，-5，5]。另外，还假设这个数据点的正确类是类别 1，δ 的值为 10。在这种情况下，铰链损失将按下式计算：

$$L_i = \max(0, -5 - 10 + 10) + \max(0, 5 - 10 + 10)$$

如前所示，总的损失函数值为 5。这似乎很直观，因为正确的类别 1 有最高的分数 10，所以损失值较小。

4.2.6 模型可视化

CNN 的一个重要方面是：一旦经过训练，它就会学习一组特征图或滤波器。这些滤波器可以作为自然场景图像的特征提取器。因此，将这些滤波器可视化并理解网络通过其训练学到的内容将是非常棒的。幸运的是，这是一个日益增长的兴趣领域，有许多工具和技术可以让 CNN 更容易地可视化训练后的滤波器。网络中有两个主要部分需要可视化：

- **层激活**：这是最常见的网络可视化形式，在网络前向传递过程中，人们可以看到神经元的激活。这种可视化很重要的，原因有多个：
  - 它允许查看每个学习的滤波器如何响应每个输入图像。可以使用这些信息来定性地理解过滤器已经学会的响应内容。
  - 可以在网络训练期间通过查看大多数过滤器是否正在学习任何有用的特征，或大多数过滤器是否为暗示问题的空白图像，来轻松地调试网络。图 4-11 显示了这一步骤的更多细节。

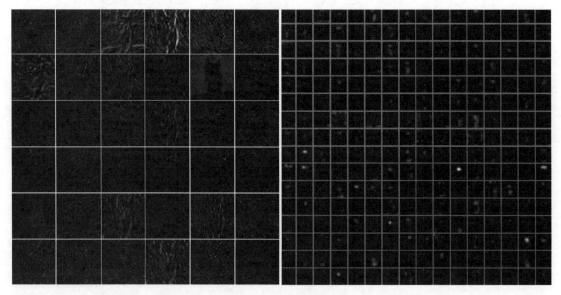

图 4-11　可视化层激活

（图片来源：https://raw.githubusercontent.com/cs231n/cs231n.github.io/master/assets/cnnvis/act1.jpeg，
https://raw.githubusercontent.com/cs231n/cs231n.github.io/master/assets/cnnvis/act2.jpeg）

- **滤波器可视化**：可视化的另一个常见用例是可视化实际的滤波器值本身。请记住，CNN 滤波器也可以被理解为**特征检测器**，可视化时可以展示每个滤波器提取了什么样的图像特征。例如，图 4-11 说明了可以训练 CNN 滤波器来检测和提取不同方向和不同颜色组合的边缘。在这种技术中，也可以很容易地检测到噪声滤波器的值，以便对网络的较差训练质量提供反馈。图 4-12 给出了滤波器的可视化示例。

图 4-12　可视化训练的滤波器

（图片来源：https://raw.githubusercontent.com/cs231n/cs231n.github.io/master/assets/cnnvis/filt1.jpeg，
https://raw.githubusercontent.com/cs231n/cs231n.github.io/master/assets/cnnvis/filt2.jpeg）

4.2.7　手写数字分类示例

本节将展示如何使用 TensorFlow 实现 CNN 来识别 10 个类的手写数字。下面将使用 MNIST 数据集进行这一挑战，该数据集包含 60000 个训练样本和 10000 个测试样本。所有样本都是 0~9 之间的手写数字，并且每个样本都是大小为 28×28 像素的黑白图像。

假设所有特征都出现在特征变量中并且所有标签都出现在标签变量中。从导入必要的包开始，并从预加载的特征变量中添加输入层：

```
import numpy as np
import tensorflow as tf

# 导入 mnist
mnist = tf.contrib.learn.datasets.load_dataset("mnist")
features = mnist.train.images # 返回 np.array

# 输入层
INPUT = tf.reshape(features, [-1, 28, 28, 1])
```

将按照以下顺序使用由两个卷积层、两个池化层和两个全连接层组成的网络架构：[输入 -> CONV1-> POOL1-> CONV2 -> POOL2 -> FC1 -> FC2]。对于 CONV1，使用 32 个大小都为 5×5 的滤波器；对于步幅为 2 的 POOL1，使用大小为 2×2 的滤波器。具体的 TensorFlow 代码实现如下：

```
CONV1 = tf.layers.conv2d(
    inputs=INPUT,
    filters=32,
    kernel_size=[5, 5],
    padding="same",
    activation=tf.nn.relu)

POOL1 = tf.layers.max_pooling2d(inputs=CONV1, pool_size=[2, 2], strides=2)
```

对于 CONV2，使用大小为 5×5 的 64 个滤波器。对于采用 2×2 滤波器的 POOL2，再次使用大小为 2 的步幅。还将这些层连接到上一层，具体代码如下：

```
CONV2 = tf.layers.conv2d(
    inputs=POOL1,
    filters=64,
    kernel_size=[5, 5],
    padding="same",
    activation=tf.nn.relu)

POOL2 = tf.layers.max_pooling2d(inputs=CONV2, pool_size=[2, 2], strides=2)
```

POOL2 的输出是一个二维矩阵，因为需要连接一个密集或全连接层，所以需要将其变平。一旦变平，将它连接到具有 1024 个神经元的全连接层：

```
POOL2_FLATTENED = tf.reshape(POOL2, [-1, 7 * 7 * 64])
FC1 = tf.layers.dense(inputs=POOL2_FLATTENED, units=1024,
activation=tf.nn.relu)
```

为了改进网络的训练，需要增加一个正则化方案。可以使用 Dropout 率为 0.5 的 Dropout层，并将其连接到全连接层。最后，这个层被连接到具有 10 个神经元的最后一层——每个数字类别对应一个神经元：

```
DROPOUT = tf.layers.dropout(
    inputs=FC1, rate=0.5, training=mode == tf.estimator.ModeKeys.TRAIN)
FC2 = tf.layers.dense(inputs=DROPOUT, units=10)
```

现在网络已经完全配置好了，需要定义一个损失函数并开始训练。如前所述，选择了交叉熵损失，具体代码如下：

```
# 计算损失 （用于训练和评估模式）
onehot_labels = tf.one_hot(indices=tf.cast(labels, tf.int32),
    depth=10)
```

```
loss = tf.losses.softmax_cross_entropy(onehot_labels=onehot_labels,
    logits=FC2)
```

现在为梯度下降设置学习参数并开始训练：

```
# 配置训练操作 （用于训练模式）
optimizer = tf.train.GradientDescentOptimizer(learning_rate=0.001)
train_op = optimizer.minimize(loss=loss,
  global_step=tf.train.get_global_step())
train_input_fn = tf.estimator.inputs.numpy_input_fn(
  x={"x": features},
  y=labels,
  batch_size=100,
  num_epochs=None,
  shuffle=True)
mnist_classifier = tf.estimator.EstimatorSpec(
  mode=mode, loss=loss, train_op=train_op)
mnist_classifier.train(input_fn=train_input_fn, steps=20000)
```

4.3 微调卷积神经网络

尽管 CNN 可以在给定足够的计算能力和标记数据的情况下轻松训练，但训练高质量的 CNN 需要大量的迭代和耐心。在从零开始训练 CNN 的同时优化大量参数（通常在数百万的范围内）并不总是容易的。而且，CNN 特别适合具有大数据集的问题。通常情况下，所面临的问题是数据集较小，并且在这些数据集上训练 CNN 可能导致对训练数据过拟合。微调 CNN 就是一种旨在解决这种 CNN 缺陷的技术。微调 CNN 意味着不需要从零开始训练 CNN。相反，从以前训练过的 CNN 模型开始，精细地调整和更改模型权重以更好地适应应用环境。该策略具有多个优点：

- 可以利用大量可立即调整的预训练模型；
- 减少了计算时间（因为网络已经学习了稳定的滤波器），并且可以快速地收敛以改进新数据集上的权重；
- 可以在较小的数据集上工作并完全避免过拟合。

有多种方法可以对 CNN 进行微调，具体方法如下：

- **CNN 特征提取器**：通常所面临的图像分类任务有特定数量的类标签，比如 20 个。给定该任务，一个明显的问题是，如何利用现有预训练好的 CNN 模型（这些模型有高达 1000 个类标签），并使用它们进行微调？ CNN 特征提取器是一种回答该问题的技术。在这种技术中，采用了预训练的 CNN 模型，比如 AlexNet，它有 1000 个类，删除最后一个全连接层，并保留网络的其余部分。然后，为每个输入图像执行一个前向传递，并捕获所有卷积层（如 **CONV5**）或甚至倒数第二个全连接层（如 **FC6**）的激活。例如，如果选择 FC6，那么激活总数是 4096，现在它可以视为一个 4096 维的特征向量。该特征向量现在可以与任何现有的机器学习分类器（如 SVM）一起使用，以训练一个简单的 20 类分类模型。

- **CNN 改编**：有时候，想利用网络中的全连接层来完成分类任务。在这种情况下，可以使用自己的全连接层来替换预先训练好的网络的最后一个全连接层，该层具有适用于应用的适当数量的输出类，例如上例中的 20 个类。一旦配置了这个新网络，就可以从预先训练好的网络中复制权重，并使用它来初始化新网络。最后，新网络通过反向传播运行，以便为特定的应用和数据调整新的网络权重。这种方法有一个明显的优势，就是不需要为任务添加任何额外的分类器，而且只需稍加修改，就可以使用预训练的模型以及预训练好的网络架构来完成任务。由于预训练网络已经接受了大量数据的训练，因此该策略对少量训练数据也很有效。

- **CNN 再训练**：当需要从零开始训练 CNN 时，此策略很有用。通常，CNN 的完整训练可能会持续几天，这并不是很有用。为了避免这种多天训练，通常建议使用预训练的模型初始化网络权重，并从预训练网络停止训练的位置开始训练网络。这确保了每一步训练都为模型添加了更多可学习的滤波器，而不是浪费宝贵的计算时间来重新学习已被大量预训练模型学习过的旧滤波器。通常，在使用再训练时，最好使用较小的学习率。

4.4 主流的卷积神经网络架构

设计一个完美的 CNN 架构需要大量的实验和计算能力。因此，实现最优的 CNN 架构设计通常是不平凡的。幸运的是，当前有很多 CNN 架构，它们是许多开发人员和研究人员从零开始设计一个 CNN 的良好起点。本节将讨论一些当前已知的主流 CNN 架构。

4.4.1 AlexNet

AlexNet 是 CNN 在大规模图像分类中广泛使用的最早架构之一，由 Alex Krizhevsky 等在 2012 年提出。2012 年，AlexNet 作为参赛成员被提交给 ImageNet 挑战赛，并以 16% 的 top-5 错误率显著优于当时的亚军。AlexNet 由 8 层组成，其顺序依次为：[INPUT -> CONV1 -> POOL1 -> CONV2 -> POOL2 -> CONV3 -> CONV4 -> CONV5 -> POOL3 -> FC6 -> FC7 -> FC8]。

CONV1 是一个包含 96 个大小为 11 × 11 滤波器的卷积层。CONV2 具有 256 个 5 × 5 滤波器，CONV3 和 CONV4 具有 384 个 3 × 3 滤波器，最后一个卷积层 CONV5 具有 256 个 3 × 3 滤波器。所有池化层 POOL1、POOL2 和 POOL3 的池化滤波器大小都为 3 × 3。FC6 和 FC7 都有 4096 个神经元，最后一层 FC8 具有 1000 个神经元，这相当于标记数据中具有 1000 个输出类。AlexNet 是一种非常流行的架构，并且公认是当今第一个用于大规模图像识别任务的 CNN 架构。

4.4.2 VGG

Simonyan 及其合作者的这个架构是 2014 年 ImageNet 挑战赛的亚军。其核心思想是：网络越深越好。虽然 VGG 提供了更高的精度，但是它具有更多的参数（约 140M），并且使用的内存比 AlexNet 多得多。VGG 采用的滤波器比 AlexNet 小，其每个滤波器的大小为

3×3，但采用较小的步幅 1，这可以有效地捕获与步幅为 4 的 7×7 滤波器相同的感受野。VGG 通常具有 16~19 层，这取决于特定的配置。图 4-13 展示了这种架构。

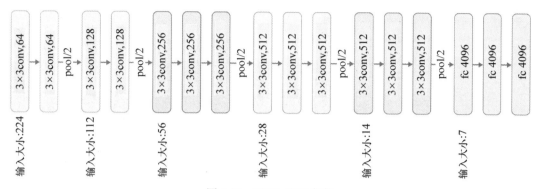

图 4-13　VGG CNN 架构
（图片来源：https://raw.githubusercontent.com/PaddlePaddle/book/develop/03.image_classification/image/vgg16.png）

4.4.3　GoogLeNet

虽然 VGG 是 2014 年 ImageNet 挑战赛的亚军，但是 GoogLeNet（也被称为 **inception**）却是当年的冠军。GoogLeNet 总共有 22 层，没有全连接层。GoogLeNet 的主要贡献之一是其极大地把参数的数目从 AlexNet 的 60M 减少到 5M。虽然参数的数量减少了，但是在计算成本上却比它的任何一个前身网络都要高。图 4-14 展示了这个架构。

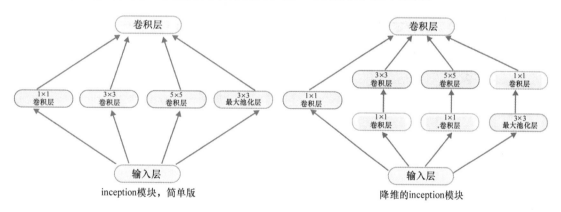

inception模块，简单版　　降维的inception模块

图 4-14　GoogLeNet inception 架构
（图片来源：http://book.paddlepaddle.org/03.image_classification/image/inception_en.png）

4.4.4　ResNet

ResNet 是当前用于大规模图像识别的最先进网络架构。与以前的架构相同的一个主旨是：网络越深，其性能越好。然而，随着网络深度的增加，**梯度消失**问题也会被放大，这是因为每一层依次根据其上一层的梯度计算自己的梯度。层数越多，梯度变得越小，最终消失为 0。为了避免此问题，ResNet 引入了短边，这里不是计算 $F(x)$ 上的梯度，而是计算

$F(x) + x$ 上的梯度，其中 x 是网络的原始输入。这缓解了 $F(x)$ 逐渐变小的影响。该方法的优点是现在可以创建多达 150 层的较深层网络，这在以前是不可能的。图 4-15 更详细地说明了此网络的架构。

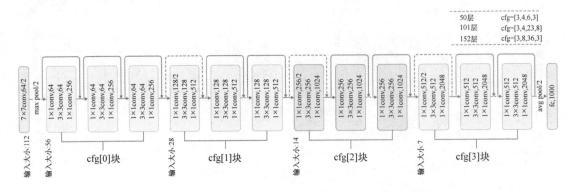

图 4-15　采用 ReLU 激活函数的 ResNet 架构

（图片来源：https://raw.githubusercontent.com/PaddlePaddle/book/develop/03.image_classification/image/resnet.png）

4.5　小结

本章更详细地描述了卷积神经网络（CNN）的核心概念。首先总结了 CNN 的历史及其起源。随后介绍了 CNN 的基础知识，包括网络架构、层、损失函数和正则化技术；概述了每个概念的实用建议，并说明了如何使用 TensorFlow 实现简单的数字分类系统；还概述了如何使用预训练模型进行定制应用开发。最后，介绍了主流的 CNN 架构，这些架构通常是开发人员处理任何计算机视觉任务的最初选择。下一章将探讨如何将深度学习技术应用于自然语言处理领域。

第5章
自然语言处理中的向量表示

自然语言处理（NLP）是机器学习中最重要的技术之一。理解复杂的语言是人工智能（AI）的重要组成部分。因为我们主要通过语言进行交流，并且主要以语言存储人类知识，所以 NLP 的应用几乎无处不在。这些应用包括网络搜索、广告、电子邮件、客户服务和机器翻译等。一些热门的 NLP 研究领域包括语言建模（语音识别和机器翻译）、词义学习和消歧、知识库推理、声学建模、词性标注、命名实体识别、情感分析、聊天机器人和问/答等。这些任务中的每一个都需要深入理解任务或应用，并要求有效且快速的机器学习模型。

与计算机视觉类似，从文本中提取特征是非常重要的。近年来，深度学习方法在文本数据的表征学习方面取得了显著进展。本章将描述 NLP 中的词嵌入技术；将讨论三种先进的嵌入模型，即 Word2Vec、Glove 和 FastText；将通过示例展示如何在 TensorFlow 中训练 Word2Vec 以及如何进行可视化；还将讨论 Word2Vec、Glove 和 FastText 之间的差异，以及如何在文本分类等应用中使用它们。

5.1 传统的自然语言处理

为基于文本的信息提取有用的信息并非易事。对于诸如文档分类的基本应用，常用的特征提取方法是词袋（Bag of Words,BoW），其中每个词的出现频率被用作训练分类器的特征。下一节将简要讨论 BoW，以及 tf-idf 方法——该方法旨在反映单词对集合或语料库中文档的重要性。

5.1.1 BoW

BoW 主要用于分类文档，也用于计算机视觉。BoW 的思想是将文档表示为一个词袋或词集，而不考虑语法和单词序列的顺序。

预处理后的文本，通常称为语料库。基于语料库可以生成一组词汇表，并以此为基础构建每个文档的 BoW 表示。

以下面的两个文本样本为例：

```
"The quick brown fox jumps over the lazy dog"
"never jump over the lazy dog quickly"
```

语料库（文本样本）然后形成一个字典，其中单词作为关键字，第二列是单词的 ID：

```
{
    'brown': 0,
    'dog': 1,
    'fox': 2,
    'jump': 3,
    'jumps': 4,
    'lazy': 5,
    'never': 6,
    'over': 7,
    'quick': 8,
    'quickly': 9,
    'the': 10,
}
```

词汇量的大小（$V = 10$）是语料库中唯一的单词数。句子将被表示成长度为 10 的向量，其中向量中的每个元素对应于词汇表中的一个词。该元素的值由相应单词在文档或句子中出现的次数决定。

在这种情况下，这两个句子将被编码为 10 个元素的向量，如下所示：

```
句子 1: [1,1,1,0,1,1,0,1,1,0,2]
句子 2: [0,1,0,1,0,1,1,1,0,1,1]
```

向量的每个元素表示每个词在语料库（文本语句）中出现的次数。因此，在第一句中，"brown"（在向量的第 0 个位置处）有 1 个计数，"dog" 有 1 个计数，"fox" 有 1 个计数，等等。同样，对于第二句，"brown" 没有出现，所以得到第 0 个位置的值为 0，"dog" 的计数为 1（在向量的第 1 个位置），"fox" 的计数为 0，等等。

5.1.2　带权的 tf-idf

在大多数语言中，有些词的出现频率往往高于其他词，但在判断两个文档的相似性方面，它们可能并不包含太多的区别性信息。例如，单词 "is"、"the" 和 "a" 等在英语中非常常见。如果我们只考虑它们的原始频率，就像我们在上一节中所做的那样，我们可能无法有效地区分不同类别的文档或检索与核心内容相匹配的相似文档。

解决这一问题的一种方法叫作**词频和逆文档频率**（term frequency and inverse document frequency , tf-idf）。与其名称一样，它考虑了两个术语：**词频**（term frequency, tf）和**逆文档频率**（inverse document frequency, idf）。

对于词频，tf（t, d）的最简单选择是使用词在文档中的原始计数——即词 t 在文档 d 中出现的次数。然而，为了防止偏向较长文档，通常的做法是将原始频率除以文档中任何词的最大频率：

$$\text{tf}(t,d) = 0.5 + 0.5 \cdot \frac{f_{t,d}}{\max\{f_{t',d} : t' \in d\}}$$

式中，$f_{t,d}$ 是词在文档中的出现次数（原始计数）。

idf 衡量词提供的信息量；也就是说，某个词在所有文档中是常见的还是罕见的。确定词 t 信息量的一种常用方法是对包含该词文档的比例的倒数取对数：

$$\text{idf}(t, D) = \log\left(\frac{\text{全部文档的数量}}{\text{包含词}t\text{的文档数量}}\right)$$

通过乘以这两个值，tf-idf 的计算如下：

$$\text{TFIDF}(t, d, D) = \text{tf}(t, d) \cdot \text{idf}(t, D)$$

tf-idf 通常用于信息检索和文本挖掘。

5.2 基于深度学习的自然语言处理

深度学习在学习自然语言的多层次表示方面带来了多重好处。在本节中，将首先介绍使用深度学习和分散式表示进行 NLP 的动机，然后介绍词嵌入和几种执行词嵌入的方法及应用。

5.2.1 动机及分散式表示法

与许多其他情况一样，数据的表示，即信息如何编码并显示给机器学习算法，通常是所有学习或人工智能流水线中最重要和最基本的部分。表示的有效性和可扩展性在很大程度上决定了下游机器学习模型和应用的性能。

正如上一节中提到的，传统的 NLP 通常使用 one-hot 编码来表示固定词汇表中的单词，并使用 BoW 来表示文档。这种方法将每个单词，如 "house" "road" 和 "tree" 等视为原子符号。one-hot 编码将生成像 [0 0 0 0 0 0 0 0 0 0 1 0 0 0 0] 这样的表示。表示的长度是词汇表的大小。有了这样的表示，人们往往会得到巨大的稀疏向量。例如，在典型的语音应用中，词汇量可以从 20 000 到 500 000。然而，one-hot 编码具有一个明显的问题，即任何一对单词之间的关系都被忽略了。例如，单词 "motel" 的 one-hot 编码为 [0 0 0 0 0 0 0 0 0 0 1 0 0 0 0]，"hotel" 的 one-hot 编码为 [0 0 0 0 0 0 0 1 0 0 0 0 0 0 0]。它们都有 "旅馆" 的意思，但两个编码的内积却为 0。另外，编码实际上是任意的，例如在一个设置中，"cat" 可以表示为 Id321，"dog" 可以表示为 Id453，这意味着长稀疏向量索引为 453 的元素值为 1。这种表示不向系统提供关于单个符号之间可能存在相互作用或相似性的有用信息。

这使得模型的学习变得困难，因为在处理有关狗的数据时，模型将无法充分利用它所了解到的关于猫的知识。因此，离散 ID 将单词的实际语义与其表示分开。虽然可以在文档级别计算一些统计信息，但是原子级的信息极其有限。这就是分散式向量表示，尤其是深度学习的价值所在。

深度学习算法试图学习越来越复杂 / 抽象的多级表示。

对 NLP 问题使用深度学习有多种好处：

• 由于通常直接从数据或问题中推导出来，因此改进了手工设计特征的不完整性和过度规范。手工设计特征通常非常耗时，可能需要针对每个任务或特定领域的问题一次又一次地执行。从一个领域学习到的特征通常很少显示出对其他领域的泛化能力。相反，深度学习从数据和跨越多个层次的表示中学习信息，其中对应于更一般信息的低级表示可以被其他领域直接或经过微调后加以利用。

- 不相互排斥的学习特征可以比类 - 最近邻或类 - 聚类模型指数级更高效。原子符号表示不捕获单词之间的任何语义关系。由于单词被独立处理，NLP 系统可能非常脆弱。在有限向量空间中捕获语义相似性的分散式表示为后面的 NLP 系统提供了进行更复杂推理和知识推导的机会。
- 学习可以在无监督的情况下完成。鉴于目前的数据规模，无监督学习非常需要。在许多实际情况下获取标签通常是不现实的。
- 深度学习可以学习多级表示。这是深度学习的一个最重要优势，学习的信息是通过逐级合成进行构造的。低级表示通常可以在任务间共享。
- 自然处理人类语言的递归性。人类的句子由具有一定结构的单词和短语组成。深度学习，特别是循环神经模型，能够更好地捕获序列信息。

5.2.2 词嵌入

基于分布相似性表示的最基本思想是，一个词可以用它的邻居来表示。正如 J.R.Firth 在 1957 年所说：

"可以通过一个词的伴随词来了解其意思。"

这也许是现代统计 NLP 最成功的思想之一。对邻居的定义可以根据局部上下文或更大的上下文而变化，以获得更符合句法或语义的表示。

1. 词嵌入思想

首先，一个词被表示为稠密向量。词嵌入可以被认为是从单词到 n 维空间的映射函数，即 $W: words \rightarrow R_n$；其中 W 是将某种语言中的词映射到高维向量（例如，200~500 维向量）的参数化函数。还可以将 W 看作一个具有 $V \times N$ 大小的查找表，其中 V 是词汇表的大小，N 是维度的大小，每一行对应一个词。例如，我们可能会发现：

```
W("dog")=(0.1, -0.5, 0.8, ...)
W("mat")=(0.0, 0.6, -0.1, ...)
```

在这里，W 经常被初始化为每个单词的随机向量，然后我们让网络学习和更新 W 以执行一些任务。

例如，可以对网络进行训练，让它来预测 n-gram（n 个词的序列）是否有效。假设得到了一个词序列："a dog barks at strangers"，并把它作为一个带有正标签的输入（意思是有效）。然后用随机词替换这个句子中的一些词，再把它转换为："a cat barks at strangers"，而且标签为负，因为这几乎肯定意味着该 5-gram 是无意义的。图 5-1 给出了该 5-gram 示例。

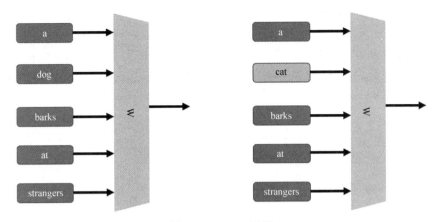

图 5-1 5-gram 示例

正如图 5-1 所示，可以通过在查找矩阵 W 中输入 n-gram 并获得表示每个词的向量来训练模型。然后将这些向量通过输出神经元进行组合，并将其结果与目标值进行比较。一个完美的预测将会产生以下结果：

```
R(W("a"), W("dog"), W("barks"), W("at"), W("strangers"))=1
R(W("a"), W("cat"), W("barks"), W("at"), W("strangers"))=0
```

目标值与预测值之间的差异或误差将用于更新 W 和 R（聚合函数，如求和）。

学到的词嵌入有一些有趣的属性。

首先，高维空间中词表示的位置由它们的含义决定，使得具有相近含义的词聚集在一起。

其次，更有趣的是，词向量具有线性关系。图 5-2 给出了词嵌入表示的线性关系示例。词之间的关系可以被认为是一对词形成的方向和距离。例如，从词"**king**"的位置开始，按照"**man**"和"**woman**"之间的距离和方向进行移动，能得到"**queen**"这个词，即：

$$[king] - [man] + [woman] \sim = [queen]$$

研究人员发现，如果使用大量数据进行训练，结果向量可以反映非常微妙的语义关系，比如城市和其所属的国家。例如，巴黎属于法国，柏林属于德国。

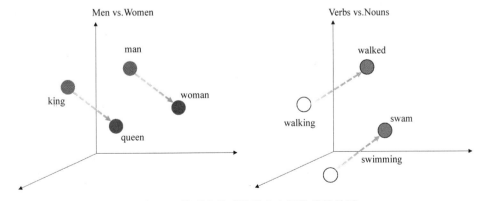

图 5-2 模型中学到的嵌入之间的线性关系

另一个例子是找到一个类似于"small"的词，就像"biggest"类似于"big"一样。可以简单地计算向量 $X = vector(\text{biggest}) - vector(\text{big}) + vector(\text{small})$。许多其他类型的语义关系也可以被捕获，如反义词和比较级。一些很好的例子可以在 Mikolov 的论文《Efficient Estimation of Word Representations in Vector Space》（https://arxiv.org/pdf/1301.3781.pdf）中找到，如图 5-3 所示。

关系类型	词对1		词对2	
常见首都	Athens	Greece	Oslo	Norway
全部首都	Astana	Kazakhstan	Harare	Zimbabwe
货币	Angola	kwanza	Iran	rial
州中的城市	Chicago	Illinois	Stockton	California
男-女	brother	sister	grandson	granddaughter
形容词到副词	apparent	apparently	rapid	rapidly
反义词	possibly	impossibly	ethical	unethical
比较级	gresa	greater	tough	tougher
最高级	easy	easiest	lucky	luckiest
现在分词	think	thinking	read	reading
国籍形容词	Switzerland	Swiss	Cambodia	Cambodian
过去时态	walking	walked	swimming	swam
复数名词	mouse	mice	dollar	dollars
复数动词	work	works	speak	speaks

图 5-3　语义句法词关系测试集⊖中的 5 种语义类型和 9 种句法类型问题示例

2. 分散式表示的优点

对于 NLP 问题，使用分散式词向量有很多优点。随着细微语义关系的捕获，现有的 NLP 应用，如机器翻译、信息检索和问答系统等有很大的改进潜力。一些明显的优点包括：

- 捕捉局部共现统计；
- 生成先进的线性语义关系；
- 有效利用统计；
- 可以在小数据和海量数据上进行训练；
- 速度快，只有非零的计数重要；
- 以较低维向量（100~300）就能获得良好性能，这对下游任务非常重要。

3. 分散式表示的问题

请记住，没有任何方法能够解决所有问题。同样地，分散式表示也不是万能的。为了正确地使用它，需要了解它的一些已知问题：

- **相似性和相关性不一样**：尽管在一些出版物中给出了很好的评估结果，但是却无法保证分散式表示实际应用的成功。其中的一个原因是，目前的标准评估通常取决于与人类创造词集的相关程度。模型中的表示可能与人类的评价关联得很好，但对于给定的特定任务不会提高性能。这可能是因为大多数评估数据集不区分词相似性和

⊖　该测试集来自 Mikolov 等的论文 "Efficient Estimation of Word Representations in Vector Space"。

相关性所致。例如，"male"和"man"是相似的，而"computer"与"keyboard"相关但不相似。

- **词歧义**：当词具有多种含义时，就会出现这个问题。例如，除了金融机构的含义外，"bank"一词还有坡地的含义。这样，在不考虑词歧义的情况下，将一个词表示为一个向量是有限度的。已经提出了一些方法来学习每个词的多个表示。例如，Trask 等提出了一种基于监督消歧 (https://arxiv.org/abs/1511.06388) 的方法，该方法能够对每个词的多个嵌入进行建模。当任务需要时，可以参考这些方法。

4. 常用的预训练词嵌入模型

表 5-1 列出了一些常用的预训练词嵌入模型。

表 5-1　常用的预训练词嵌入模型

模型名	年份	URL	说明
Word2Vec	2013	https://code.google.com/archive/p/word2vec/	网址 https://github.com/Kyubyong/wordvectors 提供了多种语言的预训练向量
GloVe	2014	http://nlp.stanford.edu/projects/glove/	由斯坦福大学开发，据称比 Word2Vec 更好。GloVe 本质上是一个基于计数的模型，结合了全局矩阵分解和局部上下文窗口
FastText	2016	https://github.com/icoxfog417/fast-TextJapaneseTutorial	在 FastText 中，原子单元是 n-gram 字符，词向量由 n-gram 字符的聚合表示。学习速度非常快
LexVec	2016	https://github.com/alexandres/lexvec	LexVec 采用**窗口采样和负采样（WSNS）**对**正点互信息（PPMI）**矩阵进行因式分解。Salle 等在其论文 Enhancing the LexVec Distributed Word Representation Model Using Positional Contexts and External Memory 中认为 LexVec 在词相似性和语义类比任务中匹配并经常优于竞争模型
Meta-Embeddings	2016	http://cistern.cis.lmu.de/meta-emb/	提出该模型的论文为：Yin 等，Learning Word Meta-Embeddings, 2016。该模型结合了不同的公开嵌入集来生成更好的向量（元嵌入）

下面的章节将主要讨论三种流行的嵌入：Word2Vec、GloVe 和 FastText。特别是，将深入探讨 Word2Vec 的核心思想、两个不同模型、训练过程以及如何利用开源的预训练 Word-2Vec 表示。

5.2.3　Word2Vec

Word2Vec 是一组有效的预测模型，用于从原始文本中学习词嵌入。它将词映射为向量。在映射的向量空间中，共享公共上下文的词彼此靠近。本节将详细讨论 Word2Vec 及其两个特定的模型，还将描述如何使用 TensorFlow 训练 Word2Vec。

1. Word2Vec 的基本思想

Word2Vec 模型只有三个层：输入层、投影层和输出层。它有两个模型，即**连续词袋模**

型（**Continuous Bag of Words,CBOW**）和 Skip-Gram 模型。这两个模型非常相似，但在输入层和输出层的构造方式上有所不同。Skip-Gram 模型将每个目标词（例如"mat"）作为输入，并预测上下文 / 周围的词作为输出（"the cat sits on the"）。另一方面，CBOW 从源上下文词（"the cat sits on the"）开始，使用中间层进行聚合和变换，并预测目标词（"mat"）。图 5-4 展示了这些差异。

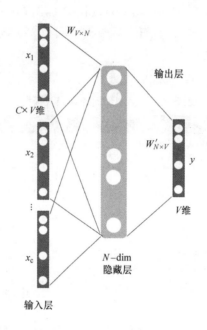

图 5-4　CBOW 模型

以 CBOW 模型为例。训练集中的每个词都表示为一个 one-hot 编码向量。$x_1, x_2, \cdots, x_c$ 是上下文词的 one-hot 编码。目标词也由 one-hot 编码 y 表示。隐藏层有 N 个节点。矩阵 $W_{V \times N}$ 表示输入层与隐藏层之间的权值矩阵（连接），其行表示与词汇表中的词相对应的权重。这个权值矩阵是我们感兴趣的学习内容，因为它包含了我们词汇表中所有词的向量编码（就像它的行）。$W'_{N \times V}$ 是连接隐藏层和输出层的输出矩阵（连接），也称上下文词矩阵。它是每个输出词向量都关联的矩阵。在 Skip-Gram 模型中，输入是目标词的表示向量 x，输出是长度为 V 的向量，并且向量中的每个元素对应于词汇表中的一个词。对于同样的目标词 x，将生成多对 (x, y_1)、(x, y_2) 和 (x, y_c) 以便进行训练。给定输入的 one-hot 编码词 x，其目标是通过网络的变换，使得上下文词的 one-hot 编码向量在预测输出（长为 $1 \times V$ 的向量）上对应的元素具有较高的值。

2. 词窗

由 5.2.2 节可知一个词可以用它的上下文来表示，或者更具体地说，可以用它的上下文中的词表示。因此，我们可以使用一个窗口来确定我们希望与中心的目标词一起学习的周围词（之前和之后）的数量，如图 5-5 所示。

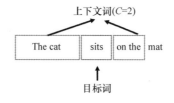

图 5-5　词窗示例

对于图 5-5 中的示例，窗口大小为 **2**。为了学习目标词"**sits**"，距目标词至多 2 个词的附近词都会被包含进来以便生成训练对。然后沿着结构化文本滑动窗口。

3. 生成训练数据

在 Skip-Gram 模型中，生成如图 5-6 的训练词对。

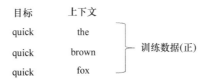

图 5-6　生成正训练对示例，其中窗口包含文档的开头

可以按照图 5-7 所示生成正训练对。

图 5-7　生成正训练对示例

从这些例子中可以很容易地看到，网络将从每个配对（目标、上下文）出现的次数中学习统计信息。例如，模型可能会看到较多的"York,New"或"New, York"样本，而不是"Old, York"。因此，在测试阶段，如果把词"York"作为输入，模型将会为词"New"输出较高的概率。

从训练数据生成的方式来看，可以发现训练后的神经网络对输出上下文词相对于目标词的偏移量一无所知。以图 5-7 为例，模型将不会考虑到在句子中，"**quick**"比"**brown**"离目标词更远，以及"**quick**"在目标词"**fox**"之前，而"**jump**"在目标词之后。已经学习到的信息是，所有这些上下文词都在目标词的附近，而不管它们的顺序或位置如何。因此，给定输入目标词，上下文词的预测概率仅表示其出现在目标词附近的概率。

4. 负采样

从损失函数中可以看出，计算 softmax 层的代价是非常高的。交叉熵代价函数要求网络产生概率，这意味着每个神经元的输出分数需要被归一化以生成每个类（例如，Skip-Gram 模型中词汇表中的一个词）的实际概率。归一化要求使用上下文词矩阵中的每个词计算隐藏层输出。为了解决这一问题，Word2Vec 采用了一种类似于**噪声对比估计（Noise-Contrastive Estimation,NCE）**的**负采样（Negative Sampling,NEG）**技术。

NCE 的核心思想是将多项分类问题（如基于上下文预测一个词的情况，其中每个词可以看作一个类）转化为好对和坏对的二元分类问题。

在训练过程中，网络会被输入好对（即目标词与上下文窗口中的另一个词配对），以及一些随机生成的坏对（由目标词与从词汇表中随机选取的词组成）。

因此，网络必须区分好对和坏对，这最终导致了基于上下文的表示学习。

本质上，NEG 保留了 softmax 层，但使用了修改后的损失函数。其目的是迫使一个词的嵌入类似于其上下文中词的嵌入，而不同于距离上下文较远的词的嵌入。

采样过程根据一些特别设计的分布来选择几个窗口外的上下文对。分布可以是 unigram 分布，其可以被形式化为：

$$P(w_i) = \frac{f(w_i)}{\sum_{j=0}^{n} f(w_j)}$$

在 Word2Vec 的一些实现中，采用频率的 3/4 次幂（经验值）计算概率：

$$P(w_i) = \frac{f(w_i)^{3/4}}{\sum_{j=0}^{n} f(w_j)^{3/4}}$$

式中，$f(w_i)$ 是词频。按此分布进行选择，本质上更倾向于经常抽取频繁词。改变采样策略会对学习结果产生重大影响。

图 5-8 说明了目标词与从词汇中随机选择的上下文之外的词的配对方式。

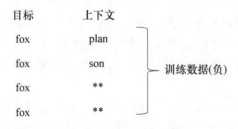

图 5-8　生成负训练对示例

5. 分层 softmax

计算 softmax 的代价很高，因为对于每个目标词，必须计算分母来获得归一化概率。但是，分母是隐藏层输出向量 h 和词汇表 V 中每个词的输出嵌入向量 W 之间内积的和。

为了解决这个问题，已经提出了许多不同的方法。有些是基于 softmax 的方法，如分层 softmax、差分 softmax 和 CNN softmax 等，而其他则是基于采样的方法。读者可以参考 http://ruder.io/word-embeddings-softmax/index.html#cnnsoftmax，以便更深入地理解近似 softmax 函数。

基于 softmax 的方法可以保持 softmax 层的完整性，但需要更改其架构以提高其效率（比如，分层 softmax）。

然而，基于采样的方法将完全移除 softmax 层，取而代之的是优化新设计的损失函数以近似 softmax。例如，以较低的计算代价近似分母，类似于 NEG 方法。一个很好的解释可以在 Yoav Goldberg 和 Omer Levy 的论文《word2vec Explained: deriving Mikolov and et al.'s negative-sampling word-embedding method, 2014》（https://arxiv.org/abs/1402.3722）中找到。

对于分层 softmax，主要思想是基于词频建立哈夫曼树，其中每个词是该树的叶子。然后，将特定词的 softmax 值的计算转换为计算从树根到叶子（表示一个词）所经历节点的概率乘积。在每一个子树的分叉点处，计算转向右分支或左分支的概率。左分支和右分支的概率之和等于 1，这保证了所有叶子节点的概率之和等于 1。通过使用平衡树，可以将计算复杂度从 $O(V)$ 减少到 $O(\log V)$，其中 V 是词汇表的大小。

6. 其他超参数

与传统的基于计数的方法相比，除了 Skip-Gram 模型（采用负采样）、CBOW（采用分层 softmax）、NCE 和 GloVe 等新算法的新颖性之外，还有许多新的超参数或预处理步骤可以调整以提高性能。例如，子采样、删除罕见词、使用动态上下文窗口、采用上下文分布平滑和添加上下文向量等。如果使用得当，它们中的每一个都将极大地提高性能，特别是在实际环境中。

7. Skip-Gram 模型

我们现在将重点放在 Word2Vec 中的一个重要模型架构：Skip-Gram 模型。如本节开头所述，Skip-Gram 模型预测给定输入目标词的上下文词。我们想要的词嵌入实际上是输入层和隐藏层之间的权值矩阵。下面将详细解释 Skip-Gram 模型。

（1）输入层

那么，我们不能将一个词以文本字符串的形式直接输入到神经网络。相反，需要一些数学上的东西。假设有一个包含 10 000 个唯一词的词汇表，通过使用 one-hot 编码，可以将每个词表示为长度为 10 000 的向量；其中与词本身对应的位置中的元素值为 1，而所有其他位置中的元素值都为 0。

Skip-Gram 模型的输入是一个代表单个词的 one-hot 编码向量，其长度等于词汇表 V 的大小，而模型的输出由生成的词对确定。

（2）隐藏层

在这种情况下，隐藏层不具有任何激活函数。输入层和隐藏层之间的连接可以看作是权值矩阵 $W_{V \times N}$，其中 N 是隐藏层中神经元的数量。$W_{V \times N}$ 具有 V 行和 N 列，其中词汇表中的每个词对应一行，每个隐藏神经元对应一列。数字 N 是嵌入向量的长度。此外，还有另一个辅助矩阵 $W'_{N \times V}$，其连接隐藏层和输出层，并且词 W 与幻觉上下文词（窗口外的词）之间的相似性被最小化。

（3）输出层

输出层是一个 softmax 回归分类器。它接收一个任意的实值计分向量 z，并将其压缩到一个向量。该向量每个元素的值都介于 0~1 之间，且所有元素值的和为 1：

$$P(c_i \mid w) = \frac{e^{f_i}}{\sum_{j=1}^{n} e^{f_j}}$$

隐藏层的输出（输入目标词的词向量 w）与辅助矩阵 $W'_{N \times V}$ 相乘，其中辅助矩阵的每一列表示一个词（假定为词 c）。向量与矩阵相乘中的每个点积计算将产生一个值，该值在归一化之后表示给定输入目标词 w，具有上下文词 c 的概率。

图 5-9 给出了为词"fox"计算输出神经元的输出并应用 softmax 函数的示例说明。

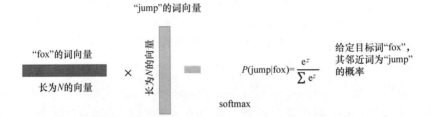

图 5-9　计算内积并应用 softmax 函数的示例

（4）损失函数

损失函数是 softmax 输出的负对数：

$$L_i = -\log\left(\frac{e^{f_i}}{\sum_{j=1}^{V} e^{f_j}} \right)$$

数据集的总损失是全部训练样本损失 L_i 的均值与正则化项 $R(W)$ 的和。

从**信息论**的角度来看，这实质上是一个交叉熵损失函数。

可以通过以下方式来理解它。

交叉熵定义为：

$$H(p, q) = H(p) + D_{KL}(q \| p)$$

由于实际分布 p 为 delta 函数，故其熵项为 $H(p)=0$。

因此：

$$H(p, q) = D_{KL}(q \| p) = -\sum p(x)\log(q(x))$$

式中，$p(x)$ 是实际分布；$q(x)$ 是分布的估计。

就我们的情况而言，$q(x)$ 实质上是 softmax 输出，也就是 $e^{f_i} / \sum e^{f_j}$；并且 $p=[0,0,\cdots 1,0,0]$），

其中只有第 i 项是 1。因此，前面的公式可以简化为：

$$H(p,q) = -\log(q_i) = -\log\left(\frac{e^{f_i}}{\sum e^{f_j}}\right)$$

所以，这里最小化损失函数等价于最小化交叉熵的值。

从**概率解释**的角度来看，$e^{f_i}/\sum e^{f_j}$ 可以解释为分配给正确标签的（归一化后）概率。实际上，我们正在最小化正确类的负对数似然，即执行**最大似然估计（Maximum Likelihood Estimation，MLE）**。

8. CBOW 模型

对于 CBOW 模型，因为模型使用周围的上下文来预测目标词，所以想法更加直接。输入基本上仍然是具有固定窗口大小的周围上下文 C；不同之处在于我们首先将上下文聚合（添加它们的 one-hot 编码），然后将聚合结果输入到神经网络。这些词将通过中间层进行处理，输出是中心的目标词。

9. 使用 TensorFlow 训练 Word2Vec

本节将逐步说明如何使用 TensorFlow 构建和训练 Skip-Gram 模型。有关详细教程和源代码，请参阅 https://www.tensorflow.org/tutorials/word2vec。具体的步骤说明如下：

1）从 http://mattmahoney.net/dc/text8.zip 下载数据集。

2）读取文件的内容，并将其形式化为词列表。

3）创建 TensorFlow 图。为输入词和上下文词创建 placeholder 节点，其中词用词汇表的整数索引进行表示：

```
train_inputs = tf.placeholder(tf.int32, shape = [batch_size])
train_labels = tf.placeholder(tf.int32, shape = [batch_size, 1])
```

请注意，我们采用批处理的方式进行训练，因此 batch_size 指的是批处理的大小。我们还创建一个常量来保存验证集索引，其中 valid_examples 是用于验证的词汇表的整数索引数组：

```
valid_dataset = tf.constant(valid_examples, dtype=tf.int32)
```

可以通过计算验证集中的词嵌入与词汇表中的词嵌入之间的相似性来执行验证，并在词汇表中找到与验证集中的词最相似的词。

4）设置嵌入矩阵变量：

```
embeddings = tf.Variable(
    tf.random_uniform([vocabulary_size, embedding_size],
                      -1.0, 1.0))
embed = tf.nn.embedding_lookup(embeddings, train_inputs)
```

5）创建连接隐藏层和输出 softmax 层的权重和偏置参数。权重变量是大小为 vocabulary_size × embedding_size 的矩阵，其中 vocabulary_size 是输出层的大小，embedding_size 是隐藏层的大小。偏置变量的大小就是输出层的大小：

```
weights = tf.Variable(
    tf.truncated_normal([vocabulary_size, embedding_size],
                        stddev=1.0 / math.sqrt(embedding_size)))
biases = tf.Variable(tf.zeros([vocabulary_size]))
hidden_out = tf.matmul(embed, tf.transpose(weights)) + biases
```

现在，将 softmax 应用于 hidden_out，并使用交叉熵损失来优化权重、偏置和嵌入。在下面的代码中，我们还指定了学习速率为 1.0 的梯度下降优化器：

```
train_one_hot = tf.one_hot(train_context, vocabulary_size)
cross_entropy = tf.reduce_mean(
    tf.nn.softmax_cross_entropy_with_logits(logits=hidden_out,
                                            labels=train_one_hot))
optimizer =
    tf.train.GradientDescentOptimizer(1.0).minimize(cross_entropy)
```

为了提高效率，可以将损失函数从交叉熵损失变为 NCE 损失。NCE 损失最初是由 Michael Gutmann 等在论文 "Noise-contrastive estimation: A new estimation principle for unnormalized statistical models" 中提出的：

```
nce_loss = tf.reduce_mean(
    tf.nn.nce_loss(weights=weights,
                   biases=biases,
                   labels=train_context,
                   inputs=embed,
                   num_sampled=num_sampled,
                   num_classes=vocabulary_size))
optimizer =
    tf.train.GradientDescentOptimizer(1.0).minimize(nce_loss)
```

为了进行验证，计算验证集中的词嵌入与词汇表中的词嵌入之间的余弦相似度。稍后，将打印出词汇表中与验证词具有最近嵌入的前 K 个词。嵌入 A 和 B 之间的余弦相似度定义为：

$$similarity = \frac{A \cdot B}{\|A\|_2 \|B\|_2}$$

这可以转换为以下代码：

```
norm = tf.sqrt(tf.reduce_sum(tf.square(embeddings), 1 ,
    keep_dims=True))
normalized_embeddings = embeddings / norm
```

```
valid_embeddings = tf.nn.embedding_lookup(
    normalized_embeddings, valid_dataset)
similarity = tf.matmul(
    valid_embeddings, normalized_embeddings, transpose_b=True)
```

6）现在准备运行 TensorFlow 图：

```
with tf.Session(graph=graph) as session:
  # 在使用所有变量之前必须初始化它们
  init.run()
  print('Initialized')
  average_loss = 0
  for step in range(num_steps):
    #这是 generate_batch 函数，可根据数据批量生成
    #输入词和上下文词（标签）
    batch_inputs, batch_context = generate_batch(data,
        batch_size, num_skips, skip_window)
    feed_dict = {train_inputs: batch_inputs,
                 train_context: batch_context}
    # 通过评估优化器操作来执行一个更新步骤，并将其包含
    # 在 session.run() 的返回值列表中
    _, loss_val = session.run(
        [optimizer, cross_entropy], feed_dict=feed_dict)
    average_loss += loss_val
    if step % 2000 == 0:
      if step >0:
        average_loss /= 2000
      # 平均损失是对过去 2000 次批处理损失的估计
      print('Average loss at step ', step, ':', average_loss)
      average_loss = 0
  final_embeddings = normalized_embeddings.eval()
```

7）另外，我们希望打印出与验证词最相似的词——这可以通过调用前面定义的相似性
操作并对结果进行排序来实现。请注意，这是一个昂贵的操作，所以每 10 000 步只
做一次：

```
if step % 10000 == 0:
  sim = similarity.eval()
  for i in range(valid_size):
    # reverse_dictionary——将编码（整数）映射到词（字符串）
    valid_word = reverse_dictionary[valid_examples[i]]
    top_k =8    # 最近邻的数目
    nearest = (-sim[i, :]).argsort()[1:top_k + 1]
    log_str = 'Nearest to %s:' % valid_word
    for k in range(top_k):
      close_word = reverse_dictionary[nearest[k]]
      log_str = '%s %s,' % (log_str, close_word)
      print(log_str)
```

值得注意的是，对于第一次迭代，词"four"的前 8 个最接近词为："lanthanides"、"dunant"、"jag"、"wheelbase"、"torso"、"bayesian"、"hoping"和"serena"。但在 30 000 步之后，最接近"four"的前 8 个词为"six"、"nine"、"zero"、"two"、"seven"、"eight"、"three"和"five"。可以使用 Maaten 和 Hinton 在其论文 "*Visualizing Data using t-SNE*，（2008）"⊖中提出的 t-SNE 方法可视化嵌入，具体的代码如下：

```
from sklearn.manifold import TSNE
import matplotlib.pyplot as plt
tsne = TSNE(perplexity=30, n_components=2,
            init='pca', n_iter=5000, method='exact')
plot_only = 500
low_dim_embs = tsne.fit_transform(final_embeddings[:plot_only, :])
# reverse_dictionary——将编码（整数）映射到词（字符串）
labels = [reverse_dictionary[i] for i in xrange(plot_only)]
plt.figure(figsize=(18, 18)) # 单位是英寸
for i, label in enumerate(labels):
  x, y = low_dim_embs[i, :]
  plt.scatter(x, y)
  plt.annotate(label,
               xy=(x, y),
               xytext=(5, 2),
               textcoords='offset points',
               ha='right',
               va='bottom')
```

在图 5-10 中，将 Word2Vec 嵌入可视化，并发现具有相似含义的词彼此接近。

10. 使用存在的预训练 Word2Vec 嵌入

本节将讨论以下主题：

• 基于谷歌新闻数据集的 Word2Vec；

• 使用预训练的 Word2Vec 嵌入。

（1）基于谷歌新闻数据集的 Word2Vec

谷歌在谷歌新闻数据集上训练的 Word2Vec 模型的特征维度为 300。特征的数量被认为是一个超参数，可以（也许应该）在自己的应用中进行试验，以查看哪个设置会产生最佳结果。

在这个预训练模型中，一些停用词如"a"、"and"和"of"被排除在外，但其他词如"the"、"also"和"should"却包括在内。一些拼写错误的词也被包括在内，比如"mispelled"和"misspelled"——后一个词是正确的。

可以找到像 https://github.com/chrisjmccormick/inspect_ word2vec 这样的开源工具来检查预训练模型中的词嵌入。

⊖ 论文网址：http://www.jmlr.org/papers/volume9/vandermaaten08a/vandermaaten08a.pdf.

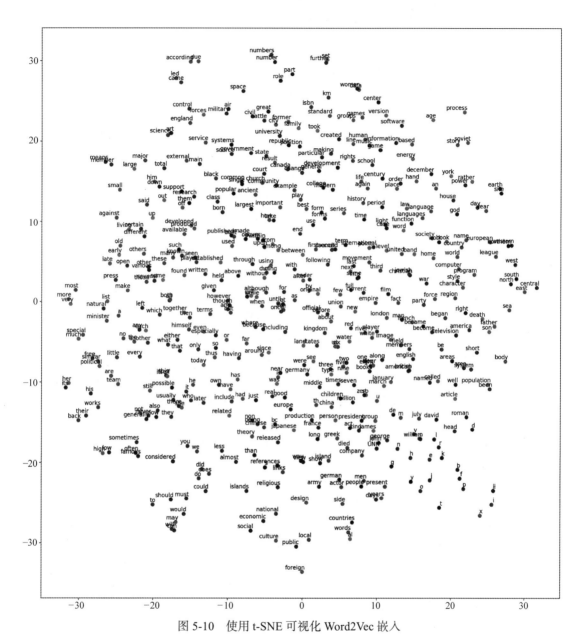

图 5-10　使用 t-SNE 可视化 Word2Vec 嵌入

（2）使用预训练的 Word2Vec 嵌入

本节将简要介绍如何使用预训练的向量。在阅读本节之前，请从网址 https://drive.google.com/file/d/0B7XkCwpI5KDYNlNUTTlSS21pQmM/edit 下载 Word2Vec 预训练向量，并加载模型：

```
from gensim.models import KeyedVectors
# 加载预训练模型
model = KeyedVectors.load_word2vec_format(
    './GoogleNews-vectors-negative300.bin', binary=True)
```

然后查找与"woman"和"king"类似但与"man"不相似的前 5 个词：

```
model.wv.most_similar(
    positive=['woman', 'king'], negative=['man'], topn=5)
```

运行以上代码，能够看到如下结果：

```
[(u'queen', 0.7118192911148071),
 (u'monarch', 0.6189674139022827),
 (u'princess', 0.5902431607246399),
 (u'crown_prince', 0.54994606971174072),
 (u'prince', 0.5377321243286133)]
```

这是有道理的，因为"queen"与"woman"和"king"有着相似的属性，但是与"man"没有相同的属性。

5.2.4 了解 GloVe

GloVe 是一种无监督学习算法，用于获取词的向量表示（嵌入）。我们已经看到，在相似的训练超参数条件下，使用 GloVe 和 Word2Vec 两种方法生成的嵌入在下游的 NLP 任务中表现得非常相似。

不同之处在于 Word2Vec 是一种预测模型，其通过最小化预测损失，即损失 (目标词 | 上下文词 ; W)，来学习嵌入以提高它们的预测能力。在 Word2Vec 中，其被形式化为前馈神经网络，并使用 SGD 等优化方法更新网络。

另一方面，GloVe 本质上是一个基于计数的模型。该模型首先创建共生矩阵。这个共生矩阵中的每个元素项对应于同时看到目标词（行）和上下文词（列）的频率。然后，将这个矩阵分解以生成较低维（词数 × 特征数）的矩阵，其中每行现在为每个词生成了一个向量表示。这就是降维的意义所在，因为目标是最小化重构损失，并找到低维表示来解释高维数据中的大部分方差。

不过与 Word2Vec 相比，GloVe 还具有一些优点。比如 GloVe 可以更容易并行化实现，从而使其可以在更多的数据上进行训练。

网上有很多资源。对于采用 TensorFlow 的实现，可以看看网址 https://github.com/GradySimon/tensorflow-glove/blob/master/Getting%20Started.ipynb 中的内容。

5.2.5 FastText

FastText（https://fasttext.cc/）是一个用于高效学习词表示和句子分类的库。与 Word-2Vec 相比，FastText 嵌入的主要优点是其在学习词表示的时候考虑了词的内部结构，这对于形态丰富的语言以及很少出现的词非常有用。

Word2Vec 和 FastText 之间的主要区别在于，对于 Word2Vec，原子实体是每个词，它是进行训练的最小单位。相反，在 FastText 中，最小单位是字符级的 n-gram，每个词被视为由字符 n-gram 组成。例如，"happy"词向量按照 n-gram 的最小长度 3 和最大长度 6 可以分解为：

<ha, <hap, <happ, <happy, hap, happ, happy, happy>,app,appy, appy>, ppy, ppy>, py>

正因为如此，FastText 通常会为罕见词生成较好的词嵌入。即使罕见词在词级上很少出现，其合成的 n-gram 字符也可以被看到并且可以与其他词共享。而在 Word2Vec 中，罕见词通常具有较少的邻居，因此只有较少的训练实例可用于学习。此外，Word2Vec 具有固定的词汇表大小，并且通过基于给定训练数据的预处理来配置词汇表。当面对一个不在词汇表中的新词时，Word2Vec 和 GloVe 都没有解决方案。但是，由于 FastText 是构建在字符的 n-gram 级别上的，只要罕见词的 n-gram 在训练语料库中出现，FastText 就能够通过对字符 n-gram 向量进行求和来构造词级向量。

由于粒度更细，FastText 需要更长的时间和更多的内存进行学习。因此，需要仔细选择控制 n-gram 大小的超参数，比如 n-gram 的最大和最小长度。通过预先设定 n-gram 的最大和最小长度，可以调整最小词计数，其确定了一个词需要在语料库中被看到的最小频率以便将其包含在词汇表中。参数桶数用于控制将词和字符 n-gram 的特征散列（为 n-gram 选取的一个向量是散列函数）到桶的数量。这有助于限制模型的内存使用量。对于桶大小的设置，如果 n-gram 的数量不是很大，建议使用较小的桶。

读者可以在网址：https://github.com/facebookresearch/fastText/blob/master/ pretrained-vectors.md 上找到 294 种语言的预训练词向量。

5.3 应用

本节将讨论一些使用示例和 NLP 模型的微调。

5.3.1 使用示例

有了预训练的 Word2Vec 嵌入，NLP 的下游应用可以有很多，例如文档分类或情感分类。一个例子称为 **Doc2Vec**，其以最简单的形式获取文档中每个词的 Word2Vec 向量，并通过归一化求和或算术平均来对它们进行聚合。每个文档的结果向量被用于文本分类。这种应用类型可以认为是学习词嵌入的直接应用。

另一方面，可以将 Word2Vec 建模的思想应用到其他应用，例如，在电子商务环境中查找相似的项目。在每个会话窗口期间，在线用户可能正在浏览多个项目。从这种行为中，我们可以使用行为信息来查找类似或相关的项目。在这种情况下，每个具有唯一 ID 的项目都可以被看作一个词，而同一会话中的项目可以被看作上下文词。我们可以进行类似的训练数据生成，并将生成的对送入网络。然后，可以使用嵌入结果来计算项目之间的相似度。

5.3.2 微调

微调是指用另一个任务（如无监督训练任务）的参数初始化网络，然后根据手头的任务更新这些参数的技术。例如，NLP 架构经常使用诸如 Word2Vec 之类的预训练词嵌入，然后在训练期间或通过对特定任务（如情感分析）的持续训练更新这些词嵌入。

5.4 小结

本章介绍了使用神经网络学习分散式词表示的基本思想和模型；特别研究了 Word2Vec 模型，并展示了如何训练模型，以及如何为下游 NLP 应用加载预训练向量。下一章将讨论 NLP 中更高级的深度学习模型，如循环神经网络（RNN）、长短时记忆（LTSM）模型以及一些实际应用。

第6章
高级自然语言处理

前一章介绍了**自然语言处理 (NLP)** 的基础知识。并且以词袋模型的形式介绍了文本的简单表示，讨论了捕捉文本语义属性的更高级的词嵌入表示。本章旨在采用更多以模型为中心的文本处理方法来构建词表示技术。本章将讨论一些核心模型，如**循环神经网络 (RNN)** 和**长短时记忆 (LSTM) 网络**。本章将专门回答以下问题：

- 用于理解文本的核心深度学习模型有哪些？
- 哪些核心概念构成了理解 RNN 的基础？
- 哪些核心概念构成了理解 LSTM 网络的基础？
- 使用 TensorFlow 如何实现 LSTM 网络的基本功能？
- RNN/LSTM 网络的最流行文本处理应用有哪些？

6.1 面向文本的深度学习

到目前为止，我们已经看到各种不同的技术，它们使用神经网络的变体来进行文本处理。基于词的嵌入是神经网络的一种常见应用。正如前一章所述，基于词的嵌入技术是特征级表示学习问题。换句话说，它们解决非常具体的问题：给定一个文本块，用一些特征形式表示它，并且这些特征表示将用于下游的文本挖掘应用，如分类、机器翻译和属性标记等。当前存在许多机器学习技术，它们可以以不同的精度水平应用于文本挖掘。本章关注的是完全不同的文本处理模型。我们调查适合文本处理应用的核心深度学习模型，这些模型可以执行以下两项操作：

- 表示学习或特征提取；
- 在统一的模型中进行下游文本挖掘应用。

在开始了解用于文本的深度学习模型之前，先回顾一下神经网络，并试着理解它们为什么不适合一些重要的文本挖掘应用。

6.1.1 神经网络的局限性

神经网络是一种用于逼近任何非线性函数的非常有效的工具。逼近非线性函数是一个在任何模式识别或机器学习任务中经常出现的问题。尽管神经网络在建模方法上非常强大，但它们具有一定的局限性，这使得它们在各种模式识别任务中的能力受到限制。其中的一些限制是：

- **固定大小的输入**：神经网络架构具有固定数量的输入层。因此，它只能为任何任务使用固定大小的输入和输出。这是许多模式识别任务的限制因素。例如，设想一个图像标注生成任务，其中网络的目标是接收图像并生成文字作为其标注。典型的神经网络不能对该任务进行建模，因为对于每个图像以及标注中词的个数情况会有所不同。给定一个固定的输出大小，神经网络不可能有效地对这个任务进行建模。另一个例子是情感分类任务。在这个任务中，网络应该以句子作为输入并输出单个标签（例如，积极或消极）。给定的句子具有可变数量的词组成，这个任务的输入就具有可变数量的输入。因此，一个典型的神经网络无法对该任务进行建模。这种类型的任务通常称为序列分类任务。
- **缺乏记忆**：神经网络的另一个局限是缺乏记忆。例如，在情感分类任务，记住词的顺序对整个句子的情感分类非常重要。对于神经网络来说，每个输入单元被独立地处理。因此，句子中的下一个词标记与句子中任何以前的词标记没有相关性，这使得对句子进行分类的任务极其困难。一个能够很好地完成这类任务的好模型需要维护上下文或记忆。

为了解决这些限制，需要使用 RNN。这一类深度学习模型是本章的重点。

6.2 循环神经网络

RNN 的基本思想是数据的向量化。图 6-1 中的固定输入大小神经网络代表传统神经网络，网络中的每个节点接受一个标量值并生成另一个标量值。另一种观察这种架构的方法是，网络中的每一层都以向量作为其输入，并生成另一个向量作为其输出。图 6-2 与图 6-3 阐明了这种表示。

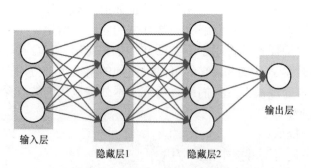

图 6-1 固定输入大小的神经网络

（图片来源：https://raw.githubusercontent.com/cs231n/cs231n.github.io/master/assets/nn1/neural_net2.jpeg）

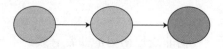

图 6-2 神经网络水平扩展

图 6-3 是一个简单的 RNN 表示，它是一对一的 RNN。一个输入通过一个隐藏层被映射到一个输出。

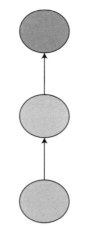

图 6-3　神经网络垂直扩展

6.2.1　RNN 架构

通常，RNN 具有许多不同的架构。本节将介绍 RNN 的一些基本架构，并讨论它们如何适合各种不同的文本挖掘应用。

- **一对多 RNN**：图 6-4 说明了一对多 RNN 架构的基本思想。如图 6-4 所示，在该架构中，RNN 的单个输入单元被映射到多个隐藏单元以及多个输出单元。这种架构的一个应用示例是图像标注生成。如前所述，在此应用中，输入层接受单个图像并将其映射为标注中的多个词。

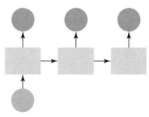

图 6-4　一对多 RNN 架构

- **多对一 RNN**：图 6-5 说明了多对一 RNN 架构的基本思想。如图 6-5 所示，在此架构中，RNN 的多个输入单元被映射到多个隐藏单元，但只有一个输出单元。这种架构的一个应用示例是情感分类。如前所述，在此应用中，输入层接受一个句子的多个词标记，并将它们映射为该句子的单个情感：积极或消极。

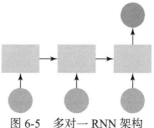

图 6-5　多对一 RNN 架构

- **多对多 RNN**：图 6-6 说明了多对多 RNN 架构的基本思想。如图 6-6 所示，在这个架构中，RNN 的多个输入单元被映射到多个隐藏单元和多个输出单元。这种架构的一个应用示例是机器翻译。如前所述，在此应用中，输入层接受源语言中的多个词标记，并将它们映射为目标语言中的多个词标记。

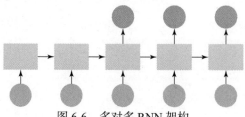

图 6-6　多对多 RNN 架构

6.2.2　基本的 RNN 模型

图 6-7 更详细地描述了基本的 RNN 模型。正如所看到的，这是一个简单的一对多 RNN 模型。如果只关注节点 X_1、h_1 和 Y_1，它们与单层神经网络非常类似。此 RNN 模型唯一增加的是隐藏神经元呈现不同值（如 h_2 和 h_3）时的步骤。该 RNN 模型的整体操作顺序如下：

- 时间步 t_1：X_1 是 RNN 模型的输入；
- 时间步 t_1：基于输入 X_1 计算 h_1；
- 时间步 t_1：基于输入 h_1 计算 Y_1；
- 时间步 t_2：基于输入 h_1 计算 h_2；
- 时间步 t_2：基于输入 h_2 计算 Y_2；
- 时间步 t_3：基于输入 h_2 计算 h_3；
- 时间步 t_3：基于输入 h_3 计算 Y_3。

使用这个模型，可以基于每个时间步生成多个输出向量。因此，这些模型广泛适用于许多基于时序或序列的数据模型。

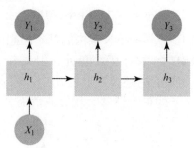

图 6-7　基本的 RNN 模型

6.2.3　训练 RNN 很难

本节将讨论训练 RNN 的一些现有限制。我们还将深入理解为什么训练 RNN 很难。

传统的训练神经网络方法采用反向传播算法。对 RNN 来说，需要通过时间执行梯度反向传播，通常称为**通过时间的反向传播 (BPTT)**。虽然通过时间计算梯度的反向传播在数值上是可能的，但是由于经典的梯度消失（或爆炸）问题（见图 6-8），它经常导致较差的结果。

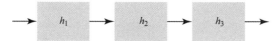

图 6-8　具有乘性梯度 RNN 的梯度消失问题

为了更详细地理解这个概念，现在来看一下图 6-8。它显示了经历三个时间步骤的单个隐藏神经元层。为了计算经历三个步骤的梯度前向传递，需要计算复合函数的导数，如下所示：

$$H = h_3\big(h_2\big(h_1(x)\big)\big)$$

$$\frac{\partial H}{\partial x} = \frac{\partial h_3}{\partial h_2}\frac{\partial h_2}{\partial h_1}\frac{\partial h_1}{\partial x}$$

可以想象，这里的每个梯度计算都会依次变小，并且将较小的值与较大的值相乘会导致在进行大时间步长的计算时，会减少整体梯度。因此，在较长时间步长情况下，使用这种方法不能以有效的方式训练 RNN。解决这一问题的一种方法是使用门控逻辑，如图 6-9 所示。

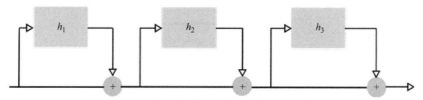

图 6-9　采用加性梯度解决梯度消失问题

在这种门控逻辑中，我们不把梯度相乘，而是把它们相加，如下所示：

$$H = h_1(x) + h_2(x) + h_3(x)$$

$$\frac{\partial H}{\partial x} = \frac{\partial h_1}{\partial x} + \frac{\partial h_2}{\partial x} + \frac{\partial h_3}{\partial x}$$

从前面的公式可以看出，总体梯度以较小梯度总和的方式进行计算，即使通过较长的时间步长也不会减少。这种累加的实现是由于引入了门控逻辑，其将隐藏层的输出与每个时间步的原始输入相加，从而减少了梯度递减的影响。这种门控架构构成了新型 RNN［也称为长短时记忆（LSTM）网络］的基础。LSTM 网络是在长时序数据上训练 RNN 的最流行方法，并且已被证明在各种各样的文本挖掘任务上表现得相当好。

6.3　LSTM 网络

到目前为止，我们已经看到由于梯度消失和梯度爆炸问题，RNN 性能较差。LSTM 网络的设计就是为了帮助我们克服这一限制。LSTM 网络背后的核心思想是门控逻辑，其提供了一种基于记忆的架构。如图 6-10 所示，该架构可以产生加性梯度效应，而不是乘性梯度效应。为了更详细地说明这个概念，来看看 LSTM 网络的记忆架构。类似于任何其他基于记忆的系统，典型的 LSTM 单元包括三个主要功能：

- 写入记忆；
- 从记忆中读取；
- 重置记忆。

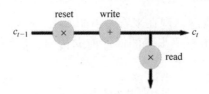

图 6-10　LSTM 网络的核心思想

（图片来源：https://ayearofai.com/rohan-lenny-3-recurrent-neural-networks-10300100899b）

图 6-10 说明了这一核心思想。如图 6-10 所示，首先前一个 LSTM 单元的值传入到重置网关，该网关将先前的状态值乘以 0 和 1 之间的标量。如果标量接近 1，则会导致前一个单元状态值的传递（记住以前的状态）。在接近于 0 的情况下，则会导致阻塞前一个单元状态的值（忘记以前的状态）。接下来，写网关只是简单地写入重置网关的变换输出。最后，读网关读取写网关的输出视图。

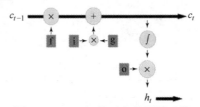

图 6-11　LSTM 单元中的网关功能

（图片来源：https://ayearofai.com/rohan-lenny-3-recurrent-neural-networks-10300100899b）

理解 LSTM 网络的门控逻辑可能相当复杂。为了更简洁地描述这一点，可以仔细观察没有任何输入的 LSTM 网络的单元架构，如图 6-11 所示。门控功能现在有了明确定义的标签。可以这样来称呼它们：

1）**f 网关**：通常称为"遗忘网关"，该网关对前一时间步的输入单元值应用 sigmoid 函数。因为 sigmoid 函数在 0~1 之间取值，所以该网关相当于基于 sigmoid 函数的激活而忘记了以前单元状态值的一部分。

2）**g 网关**：该网关的主要功能是调节以前单元状态值的加性因子。换句话说，f 网关的输出现在加上了由 g 网关控制的某个标量。通常，在这种情况下使用值域在 −1~1 之间的 tanh 函数。因此，这个网关常常起到递增或递减计数器的作用。

3）**i 网关**：虽然 g 网关调节加性因子，但是 i 网关是另一个取值在 0~1 之间的 softmax 函数，它决定了 g 网关的哪些部分可以被添加到 f 网关的输出上。

4）**o 网关**：也称输出网关。该网关也使用 sigmoid 函数生成缩放输出，然后在当前时间步内将缩放输出送入到隐藏状态，如图 6-12 所示。

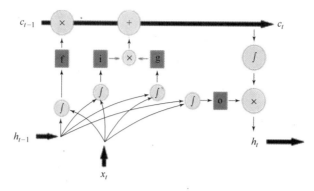

图 6-12　LSTM 基本的单元架构

（图片来源：https://ayearofai.com/rohan-lenny-3-recurrent-neural-networks-10300100899b）

图 6-12 显示了完整的 LSTM 单元，其具有来自先前和当前时间步的输入状态和隐藏状态。如图 6-12 所示，前面 4 个网关的每一个都以前一个时间步的隐藏状态和当前时间步的输入为输入。单元的输出被传递到当前时间步的隐藏状态以及下一个 LSTM 单元。图 6-13 直观地描述了这种连接。

如图 6-13 所示，每个 LSTM 单元在所有时间步中充当输入神经元和隐藏神经元之间的独立单元。这些单元的每一个都使用双通道通信机制进行跨时间步连接，而双通道通信机制同时共享 LSTM 单元输出和跨不同时间步的隐藏神经元激活。

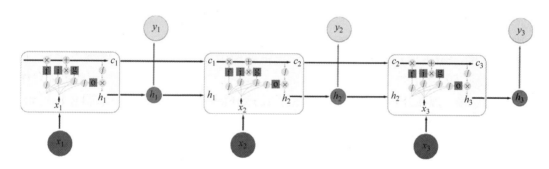

图 6-13　端到端的 LSTM 网络

（图片来源：https://ayearofai.com/rohan-lenny-3-recurrent-neural-networks-10300100899b）

6.3.1　使用 TensorFlow 实现 LSTM 网络

本节给出了在 TensorFlow 中使用 LSTM 网络处理情感分类任务的示例。LSTM 网络的输入是句子或词序列。LSTM 网络的输出是一个二进制值，其中 1 表示积极情感，0 表示消极情感。因为情感分类问题需要将多个输入映射到单个输出，所以可以使用多对一 LSTM 网络架构解决此问题。图 6-14 详细地展示了此架构。如图 6-14 所示，输入接收词标记序列（图中是三个词的序列）。每个词标记是新时间步的输入，也是对应时间步隐藏状态的输入。

例如，单词"BOOK"是 t 时间步的输入，并被送入到隐藏状态 h_t：

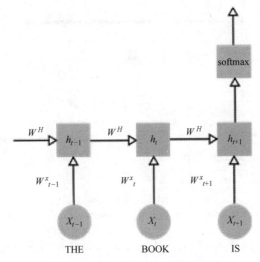

图 6-14　采用 LSTM 网络进行情感分析

要在 TensorFlow 中实现这个模型，首先需要定义以下几个变量：

```
batch_size = 4
lstm_units = 16
num_classes = 2
max_sequence_length = 4
embedding_dimension = 64
num_iterations = 1000
```

如前所述，batch_size 决定了可以在一次批处理中输入多少个标注序列以进行训练。lstm_units 表示网络中 LSTM 单元的总数。max_sequence_length 表示给定序列的最大可能长度。定义完这些，现在开始为输入数据初始化 TensorFlow 特定的数据结构，具体代码如下：

```
import tensorflow as tf

labels = tf.placeholder(tf.float32, [batch_size, num_classes])
raw_data = tf.placeholder(tf.int32, [batch_size, max_sequence_length])
```

考虑到正在使用词标注，我们期望使用一种良好的特征表示技术来表示它们。为此，我们建议使用第 5 章中的词嵌入技术来完成此任务。假定词嵌入表示接受一个词标记，并将其投影到维度为 embedding_dimension 的嵌入空间。通过增加代表词嵌入的维度，包含原始词标注的二维输入数据现在被转换成三维词张量。我们使用了存储在 word_vectors 数据结构中的预计算词嵌入。下面给出对数据结构进行初始化的代码块：

```
data = tf.Variable(tf.zeros([batch_size, max_sequence_length,
    embedding_dimension]), dtype=tf.float32)
data = tf.nn.embedding_lookup(word_vectors, raw_data)
```

现在已经准备好了输入数据，可以开始定义 LSTM 模型。如前所述，需要创建 lstm_units 个基本 LSTM 单元。因为最后需要执行分类，所以使用了具有 Dropout 封装器的 LSTM 单元。为了在定义的网络上执行数据的全部时间传递，使用 TensorFlow 的 dynamic_rnn 函数展开 LSTM 网络。此外，还初始化了一个随机权值矩阵和所有值均为常数 0.1 的偏置向量，具体代码如下：

```
weight = tf.Variable(tf.truncated_normal([lstm_units, num_classes]))
bias = tf.Variable(tf.constant(0.1, shape=[num_classes]))
lstm_cell = tf.contrib.rnn.BasicLSTMCell(lstm_units)
wrapped_lstm_cell = tf.contrib.rnn.DropoutWrapper(cell=lstm_cell,
    output_keep_prob=0.8)
output, state = tf.nn.dynamic_rnn(wrapped_lstm_cell, data,
    dtype=tf.float32)
```

一旦动态展开的 RNN 生成了输出，则首先变换其形状，然后将其乘以权值矩阵，并与偏置向量进行求和以计算最终的预测值：

```
output = tf.transpose(output, [1, 0, 2])
last = tf.gather(output, int(output.get_shape()[0]) - 1)
prediction = (tf.matmul(last, weight) + bias)
weight = tf.cast(weight, tf.float64)
last = tf.cast(last, tf.float64)
bias = tf.cast(bias, tf.float64)
```

由于初始的预测需要提炼，为此定义了具有交叉熵的目标函数以便最小化损失：

```
loss = tf.reduce_mean(tf.nn.softmax_cross_entropy_with_logits
                    (logits= prediction, labels=labels))
optimizer = tf.train.AdamOptimizer().minimize(loss)
```

在这一系列步骤之后，我们便拥有了一个经过训练的端到端 LSTM 网络，其可用于任意长度句子的情感分类。

6.4 应用

当前，RNN（例如，LSTM 网络）已经被用于时间序列数据建模、图像分类、视频字幕生成（Video Captioning）和文本分析等各种不同的应用中。本节将介绍 RNN 在解决不同自然语言理解问题方面的一些重要应用。

6.4.1 语言建模

语言建模是**自然语言理解（Natural Language Understanding,NLU）**的基本问题之一。语言模型的核心思想是对给定语言中词的重要分布属性进行建模。一旦学习了这样的模型，就可以将它应用于新词序列，以便根据学习到的分布表示生成最有可能的下一个词标记。

更正式一点的说法是，语言模型按下式计算词序列上的联合概率：

$$P(W_1, W_2, W_3, \cdots, W_n) = \prod_i P(W_i \mid W_1, W_2, \cdots, W_{i-1})$$

估算这种概率在计算上是昂贵的，因此存在许多估计技术，这些技术对词标记的时间范围依赖性做出了一些假设。其中的两个技术如下：

- **一元模型**：该模型假定每个词标记独立于其之前和之后的词序列：

$$P(W_1, W_2, W_3, \cdots, W_n) = \prod_i P(W_i)$$

- **二元模型**：该模型假定每个词标记只依赖于其前面的一个词标记：

$$P(W_1, W_2, W_3, \cdots, W_n) = \prod_i P(W_i \mid W_{i-1})$$

通过使用基于 LSTM 的网络，可以有效地解决语言模型估计问题。图 6-15 给出了估计 3-gram 语言模型的特定网络架构。如图所示，采用了多对多 LSTM 网络，整个句子采用长度为三个词标的滑动窗口进行分块。例如，假设一个训练句子是 **[What, is, the, problem]**。第一个输入序列是 **[What, is, the]**，输出是 **[is, the, problem]**。

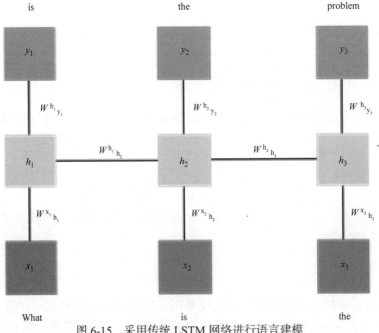

图 6-15　采用传统 LSTM 网络进行语言建模

6.4.2　序列标注

序列标注可以理解为一个问题，对于序列中的每个词，模型需要基于看到的词序列为其指派一个标签。换句话说，模型将使用已知标签字典中的适当标签标注整个标记序列。序列标注在自然语言理解中有一些非常有趣的应用，如命名实体识别和词性标注等。

- **命名实体识别（NER）**：NER 是一种信息提取技术，旨在识别给定文本标记（例如词）序列中的命名实体。一些常见的命名实体包括人员、地点、组织和货币等。例如，当输入序列"IBM opens an office in Peru"到 NER 系统时，它可以识别两个命名实体 B-ORG 和 B-LOC 的存在，并将它们分别指派给词标记"IBM"和"Peru"。

- **词性（POS）标注**：POS 标注是一种信息提取技术，旨在识别文本中的词性。一些常见的词性类别有 NN（名词，单数）、NNS（名词，复数）、NNPS（专有名词，单数）、VB（动词，基本形式）、CC（并列连词）和 CD（基数）等。

如图 6-16 所示，可以用简单的 LSTM 网络对序列标注问题进行建模。对于图 6-16 需要注意的一点是，LSTM 网络只能利用以前的数据上下文。例如，对于 t 时刻的隐藏状态，LSTM 单元能看到 t 时刻的输入和 $t-1$ 时刻隐藏状态的输出。在这个架构中，无法利用 t 时刻以后的任何将来上下文。这是传统 LSTM 模型对于序列标注任务的一个很强的局限性。

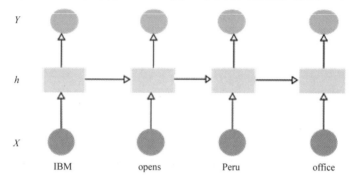

图 6-16　采用传统 LSTM 网络进行序列标注

为了解决这个问题，提出了双向 LSTM（B-LSTM）网络。双向 LSTM 网络的核心思想是具有两个 LSTM 网络层：一个采用正向；另一个采用反向。通过这种设计更改，现在可以结合来自两个方向的信息以获取以前的上下文（前向 LSTM 网络）和将来的上下文（反向 LSTM 网络）。图 6-17 更详细地展示了这种设计。双向 LSTM 网络是当前用于序列标注任务的最流行 LSTM 网络变体之一。

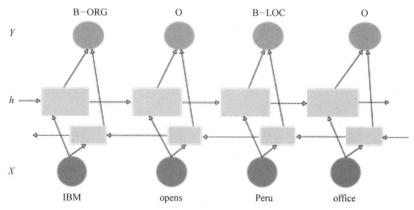

图 6-17　采用双向 LSTM 网络进行序列标注

为了在 TensorFlow 中实现双向 LSTM 网络，我们定义了两个 LSTM 网络层，一个用于正向，一个用于反向，具体代码如下：

```
lstm_cell_fw = tf.contrib.rnn.BasicLSTMCell(lstm_units)
lstm_cell_bw = tf.contrib.rnn.BasicLSTMCell(lstm_units)
```

在之前的实现中，使用动态 RNN 展开 LSTM 网络。TensorFlow 为双向 LSTM 网络提供了类似的函数，可以按如下方式使用：

```
(output_fw, output_bw), state =
    tf.nn.bidirectional_dynamic_rnn(lstm_cell_fw, lstm_cell_bw, data,
    dtype=tf.float32)
context_rep = tf.concat([output_fw, output_bw], axis=-1)
context_rep_flat = tf.reshape(context_rep, [-1, 2*lstm_units])
```

现在，像之前一样初始化权重和偏置参数（请注意，权重是 lstm_units 数量的 2 倍，LSTM 网络的每个方向层都有一个权重）：

```
weight = tf.Variable(tf.truncated_normal([2*lstm_units, num_classes]))
bias = tf.Variable(tf.constant(0.1, shape=[num_classes]))
```

现在，可以根据权重的当前值生成预测并计算损失值。在前面的例子中，已经计算了交叉熵损失。对于序列标注，通常使用基于**条件随机场 (Conditional Random Field,CRF)**的损失函数。可以将损失函数定义为：

```
prediction = tf.matmul(context_rep_flat, weight) + bias
scores = tf.reshape(prediction, [-1, max_sequence_length, num_classes])
log_likelihood, transition_params = tf.contrib.crf.crf_log_likelihood(
    scores, labels, sequence_lengths)
loss_crf = tf.reduce_mean(-log_likelihood)
```

现在可以对模型进行如下训练：

```
optimizer = tf.train.AdamOptimizer().minimize(loss_crf)
```

6.4.3 机器翻译

机器翻译是自然语言理解最近的成功案例之一。这个问题的目标是接收源语言（如英语）中的文本句子，并将其转换为给定目标语言（如西班牙语）中的相同句子。解决这个问题的传统方法依赖于采用基于短语的模型。这些模型通常将句子分成较短的短语并将这些短语逐一翻译成目标语言短语。

尽管短语级别的翻译效果相当好，但当将这些翻译后的短语组合到目标语言中以生成完整翻译的句子时，就会发现偶尔会出现不连贯或不流畅的现象。为了避免基于短语的机器翻译模型的这种局限性，提出了**神经机器翻译 (Neural Machine Translation,NMT)** 技术，其利用 RNN 的变体来解决这一问题。

图 6-18 描述了 NMT 的核心思想。NMT 由两部分组成:(a)**编码器**和(b)**解码器**。

编码器的作用是在源语言中获取一个句子,并将其转换为一个捕捉句子整体语义和意义的向量表示(也称为**思考向量**)。然后这种向量表示被输入到解码器,解码器再将其解码为目标语言语句。正如所看到的,这个问题可以自然地拟合到多对多 RNN 架构。在前面的序列标注应用示例中,我们引入了双向 LSTM 网络的概念,它可以将输入序列映射到输出标记集。即使双向 LSTM 网络也无法将输入序列映射到输出序列。因此,为了采用 RNN 架构来解决这个问题,引入了另一个 RNN 变体,也称为 **Seq2Seq** 模型。

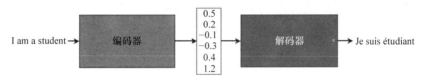

图 6-18　神经机器翻译核心思想

(图片来源:https://github.com/tensorflow/nmt)

图 6-19 描述了应用于 NMT 任务的 Seq2Seq 模型的核心架构。

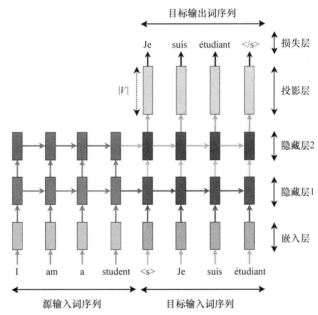

图 6-19　采用 Seq2Seq 的神经机器翻译架构

(图片来源:https://github.com/tensorflow/nmt)

Seq2Seq 模型基本上由两组 RNN(即编码器和解码器)组成,如图 6-19 所示。每组 RNN 可以由单向 LSTM 网络或双向 LSTM 网络组成,也可以包含多个隐藏层,并且可以使用 LSTM 网络或 GRU 作为其基本单元类型。如图 6-19 所示,编码器 RNN(左图)以源语言的词序列为输入并将其投影到两个隐藏层上。这两个隐藏层在跨越时间步长时,会调用解码器 RNN(右图)并将输出投影到投影层和损失层,以生成目标语言中最可能的候选词。

为了在 TensorFlow 中实现 Seq2Seq，定义了一个简单的 LSTM 单元用于编码和解码，并使用动态 RNN 模块展开编码器，具体代码如下：

```
lstm_cell_encoder = tf.nn.rnn_cell.BasicLSTMCell(lstm_units)
lstm_cell_decoder = tf.nn.rnn_cell.BasicLSTMCell(lstm_units)
encoder_outputs, encoder_state = tf.nn.dynamic_rnn( lstm_cell_encoder,
  encoder_data, sequence_length=max_sequence_length, time_major=True)
```

如果想在这一步中使用双向 LSTM 网络，可以这样做：

```
lstm_cell_fw = tf.contrib.rnn.BasicLSTMCell(lstm_units)
lstm_cell_bw = tf.contrib.rnn.BasicLSTMCell(lstm_units)
bi_outputs,
encoder_state = tf.nn.bidirectional_dynamic_rnn(lstm_cell_fw,
                                                 lstm_cell_bw,
                                                 encoder_data,
                                                 sequence_length=
                                                 max_sequence_length,
                                                 time_major=True)
encoder_outputs = tf.concat(bi_outputs, -1)
```

现在需要执行解码步骤来生成目标语言中最可能的候选词（假设）。对于这一步，TensorFlow 在 Seq2Seq 模块下提供了一个 dynamic_decoder 函数。具体使用方式如下：

```
training_helper = tf.contrib.seq2seq.TrainingHelper(decoder_data,
  decoder_lengths, time_major=True)
projection_layer = tf.python.layers.core.Dense(target_vocabulary_size)
decoder = tf.contrib.seq2seq.BasicDecoder(decoder_cell,
  training_helper, encoder_state, output_layer=projection_layer)
outputs, state = tf.contrib.seq2seq.dynamic_decode(decoder)
logits = outputs.rnn_output
```

最后，定义损失函数并训练模型以最小化损失：

```
loss =
  tf.reduce_sum(tf.nn.softmax_cross_entropy_with_logits(logits=prediction,
  labels=labels))
optimizer = tf.train.AdamOptimizer().minimize(loss)
```

Seq2Seq 推理

在推理阶段，经过训练的 Seq2Seq 模型得到一个源语句。它使用源语句获得一个用于初始化解码器的 encoder_state。当解码器接收到一个表示解码过程开始的特殊符号 <s> 时，翻译过程就开始了。

解码器 RNN 现在运行当前时间步并计算由 projection_layer 定义的目标词汇表中所有词的概率分布。通过采用贪婪策略，它从这个分布中选择最可能的词，并将其作为下一时间步的目标输入词。此过程不断在下一个时间步中重复，直到解码器 RNN 选择标志翻译结束的特殊符号 </ s>。图 6-20 通过一个例子说明了这种贪婪搜索技术。

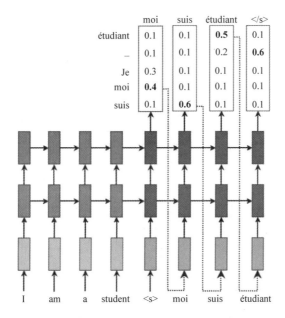

图 6-20　Seq2Seq 模型采用贪婪搜索进行神经机器翻译解码
（图片来源：https://github.com/tensorflow/nmt）

为了在 TensorFlow 中实现这种贪婪搜索策略，可以使用 Seq2Seq 模块中的 GreedyEmbeddingHelper 函数，具体代码如下：

```
helper = tf.contrib.seq2seq.GreedyEmbeddingHelper(decoder_data,
  tf.fill([batch_size], "<s>"), "</s>")
decoder = tf.contrib.seq2seq.BasicDecoder(
  decoder_cell, helper, encoder_state,
  output_layer=projection_layer)
# 动态解码
num_iterations = tf.round(tf.reduce_max(max_sequence_length) * 2)
outputs, _ = tf.contrib.seq2seq.dynamic_decode(
  decoder, maximum_iterations=num_iterations)
translations = outputs.sample_id
```

6.4.4　聊天机器人

聊天机器人（Chatbot）是另一个非常适合 RNN 模型的应用示例。图 6-21 显示了一个使用 Seq2Seq 模型构建聊天机器人应用的示例，其中在前一节中已经对 Seq2Seq 模型进行了描述。聊天机器人可以理解为机器翻译的特例，其中目标语言被聊天机器人知识库中每个可能问题的回应词汇所取代。

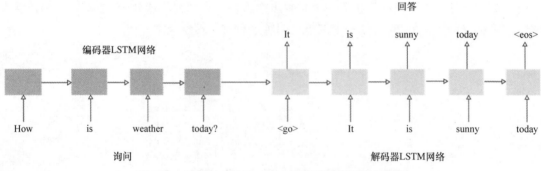

图 6-21　采用 Seq2Seq LSTM 网络架构的聊天机器人

6.5　小结

　　本章介绍了一些用于理解文本的核心深度学习模型；描述了文本数据序列建模背后的核心概念，以及哪种网络架构更适合这种类型的数据处理；介绍了循环神经网络（RNN）的基本概念，并说明了它们在实践中难以训练的原因；将 LSTM 网络描述为 RNN 的一种实用形式，并采用 TensorFlow 给出了它们的实现；最后，介绍了一些自然语言理解的应用，它们可以受益于各种 RNN 架构的使用。

　　下一章将学习如何将深度学习技术应用到涉及 NLP 和图像的任务中。

第 7 章
多 模 态

随着深度学习在计算机视觉、**自然语言处理（NLP）**和机器人等不同领域取得的令人振奋的进步，利用多个数据源开发更强大的应用成为一种新兴趋势。这就是所谓的**多模态**（**multimodality**），它是一种统一不同信息源如图像、文本和语音等的方式。

本章将讨论在多模态中使用深度学习的一些基本进展，并分享一些高级新应用。

7.1 什么是多模态学习

在深入讨论之前，首先要问的问题是，什么是多模态？

模态是指某种类型的信息和（或）存储信息的表现形式。例如，人类有各种各样的感观形式，如光、声音和压力。就我们的情况来说，我们更多地讨论如何获取和存储数据。例如，常见的模态包括自然语言（口头或书面）、视觉信息（来自图像或视频）、音频（包括人的声音、大自然的声音和音乐等）、**激光雷达（LIDAR）**数据、深度图像、红外图像、功能磁共振成像、生理信号以及**心电图（ECG）**等。

利用多个数据源来创建实际应用的途径更多的是一种需要，而不是一种选择，因为在现实中，处理多模态数据是不可避免的。例如，当观看视频时，我们会同时使用视觉和音频信息。在开车时，我们利用视觉、听觉、触觉和其他所有信息共同做出决定。对于即使是最简单的人工任务也能完美执行的应用，来自各种数据源的信息是必要的，并且需要进行联合处理。

在过去，由于特征提取大多是手工完成的，传统的处理多模态数据的方法是对每个单独的模态分别学习模型，并通过投票、加权平均或其他概率方法组合结果。一些非常重要的方面，如联合学习/特征嵌入或不同模态间的关联学习，已被忽略。这就是深度学习大展拳脚的地方。作为一种表征学习方法，深度学习能够从单模态或多模态数据中提取特定任务的特征。共享表示法捕获了不同数据源间的关系，可以帮助实现以下功能：
- 学习从一种模态到另一种模态的变换，反之亦然；
- 处理缺失模态，前提是有效学习了缺失模态间的关系；
- 生成下游预测或决策的联合表示。

7.2 多模态学习的挑战

要使用多模态信息，将面临一些核心挑战，如模态表示、模态转换、模态对齐、模态融合和协同学习（非排他性）。本节将逐个对它们进行简要介绍。

7.2.1 模态表示

模态表示是指多模态数据的计算机可解释描述（如矢量和张量）。它涵盖但不限于以下内容：

- 如何处理不同的符号和信号？例如，在机器翻译中，汉字和英文字符是两个截然不同的语言系统；在自动驾驶系统中，来自激光雷达传感器的点云和来自 RGB 摄像机的图像像素是两个具有不同特性的数据源。
- 如何处理不同的粒度。
- 模态可以是静态的，也可以是时序的。
- 不同噪声分布。
- 比例不平衡。

7.2.2 模态转换

模态转换或映射是指将数据从一个模态转换到另一个模态的过程，例如图像标注生成、语音合成和视觉动画等。一些已知的挑战包括：

- 不同表征；
- 多源模态；
- 开放式转换；
- 主观评价；
- 重复过程。

7.2.3 模态对齐

模态对齐是指识别来自两种或多种不同模态元素间的关系。应用示例包括图像标注对齐、视频描述对齐、语言手势协同引用和唇读。图 7-1 展示了图像标注对齐的示例。

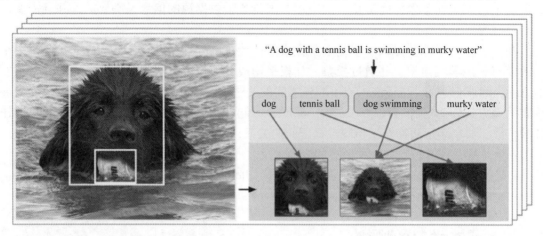

图 7-1 论文 "Deep Fragment Embeddings for Bidirectional Image Sentence Mapping" 中的对齐示例

一些已知的挑战包括：

- 长距离依赖；
- 模糊分割；
- 带有显式对齐的有限注释数据集；
- 一对多关系。

7.2.4　模态融合

模态融合指的是将来自两个或多个模态的信息进行结合以执行预测的过程。示例应用包括视听语音识别、多模态情感识别、多媒体事件检测和用于自动驾驶的图像激光雷达联合学习等。一些已知的挑战包括：

- 不同的相似性度量；
- 时间偶然性；
- 可变的预测能力；
- 不同的噪声拓扑；
- 模糊对应。

7.2.5　协同学习

协同学习是指在模态与其表示之间传递知识。一些挑战包括：

- 部分可观察的视图；
- 枢轴标识；
- 协同过拟合；
- 不完美预测；
- 潜在发散。

下一节将介绍一些最近的多模态学习基准应用案例。我们将专注于这些不同领域的高层次介绍，以便提供较好的概述，并为每个应用的实现提供基础。以它们为锚点，可以开始对多模态的深度学习探索。

7.3　图像标注生成

随着计算机视觉和 NLP 领域的发展，越来越多的研究人员开始研究它们交叉领域的潜在应用。

图像标注生成（**Image captioning**）或 **im2text** 是其中的一类应用，用于自动生成给定图像的描述。它需要联合使用计算机视觉和 NLP 中的技术。对于给定的图像，目标是分析其视觉内容并生成逼真的文字说明来描述图像的主要内容或最显著的方面。比如，照片中的人。

为了实现这个目标，标注生成模型必须具备至少两个功能：

- 理解视觉线索；
- 能够生成逼真的自然语言。

理解视觉线索是非常具体的任务；也就是说，在不同的情景下关注点会有所不同。这很像人类的感知。例如，使用相同的图像但关注点不同，图像的解释可能是不同的。它类似于文本生成步骤，相同的含义可以有不同的表示。

在接下来的几节中，将首先讨论深度学习技术，特别是 Oriol Vinyals 提出的 show&tell 算法，以便了解深度学习是如何处理这个问题的。在这一部分，将结合深度学习技术，如 **CNN**（开发于计算机视觉领域）和 **RNN** 或 **LSTM** 网络（开发于自然语言领域）来解决图像标注生成问题。强烈建议读者阅读并理解第 4 章、第 5 章和第 6 章的内容，因为它们是本章的基础。

在此之后，还将简要讨论一些其他类型的方法，比如基于检索或基于模板的传统图像标注生成方法。

当然，在两个不相关领域的结合应用上，为图像生成文字标注的作用还有很多。这一技术不仅可以实现一些简单的应用，如给未标记的图像添加文字说明，以便更好地检索、标注和生成视频摘要，而且还可能有助于提高广大人群的生活质量，如作为向导工具帮助盲人理解相机或视频捕获的内容。像这样的技术有可能使得我们的世界变得更方便。

7.3.1　show&tell 算法

Oriol Vinyals 在其论文《Show and Tell: Lessons learned from the 2015 MSCOCO Image Captioning Challenge》（https://arxiv.org/abs/1609.06647）中提出了图像标注生成的一个基本方法。本节将深入介绍 show&tell 算法。在较高层次上，标注生成模型包括两个阶段：编码器阶段和解码器阶段。编码器生成的图像嵌入作为解码器的初始输入，而解码器将图像表示转换为自然语言描述空间。

在机器翻译领域可以看到类似的过程，其目标是将用一种语言书写的内容翻译成另一种语言。

从数学上讲，这个单一的联合模型以图像 I 为输入，并被训练使产生目标词序列 $S=\{S_1,S_2,\cdots\}$ 的条件似然 $p(S\mid I)$ 最大化。其中，目标词序列 S 能够准确 / 充分（正确生成的描述）并且流畅地（输出的内容流畅并且符合语法规则）描述给定的图像。在序列 S 中，每个 S_t 都是一个 one-hot 向量，其表示给定字典中的词。在机器翻译领域也可以看到类似的过程，其目的是将以一种语言书写的内容翻译成另一种语言；也就是说，给定一个源句子，最大化目标句子的似然性 $p(T\mid S)$，其中 T 是翻译后的句子，S 是源句子。事实上，这里的方法受到了机器学习系统的启发。

图 7-2 给出了 Vinyals 论文中的网络

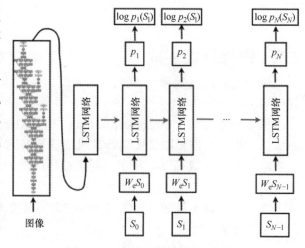

图 7-2　show&tell 算法的网络框架

框架图。该图展示了结合 CNN 图像嵌入和词嵌入的 LSTM 网络。LSTM 网络展开后的连接用深灰色箭头表示，其代表 LSTM 单元中的循环连接。所有 LSTM 网络共享同样的参数。要理解展开的内容，请参阅第 3 章内容。

下面的几节将对每个重要组件进行详细描述。

1. 编码器

深度 CNN 首先对输入图像进行编码，并生成捕获图像信息或视觉线索的向量表示。

CNN 可以认为是一个编码器。CNN 的最后隐藏状态连接到解码器，其中该层神经节点的状态被视为视觉特征（比如，维数为 4096）。需要注意的是，这些特征总是从 CNN 的隐藏层中提取，而不是从最后的输出层中提取。

2. 解码器

解码器通常使用 RNN 或 LSTM 网络，其执行语言建模以便把图像表示转换为句子。解码器第一阶段的输入（$t=-1$）是编码器的输出。这是为了把图像内容输入到 RNN/LSTM 网络。在训练阶段，使用嵌入变换 W_e 首先将真实句子 t 时间步的词表示为嵌入 $W_e S_t$，然后把这个嵌入送入到 t 时间步的 LSTM 网络以便预测 $t+1$ 时间步词的概率分布 p_{t+1}。嵌入变换 W_e 可以通过 Word2Vec 或其他类型的嵌入技术进行学习。

3. 训练

解码器第一个时间步的输入是编码器 CNN 最后一层隐藏状态的输出。可以设置 x_1=<START> 向量，并且其目标标签 y_1 等于序列中的第一个词。类似地，设置 x_2 等于第一个词的词向量，并且期望网络预测第二个词的分布。在最后一个时间步中，x_T 等于最后一个词，其目标标签 y_T=<EOS> 标记。在训练过程中，即使解码器之前发生错误，也会在每个时间步将正确的输入提供给解码器。最后，损失函数被定义为真实词序列的负对数似然总和：

$$L(I,S) = -\sum_{t=1}^{N} \log p_t(S_t)$$

4. 测试 / 推理

在推理阶段，将图像表示提供给解码器的第一个时间步。设置 x_1=<START> 向量并计算第一个词 y_1 的概率分布。我们可以从分布中抽取一组词，或者贪婪地基于 argmax 选择概率最大的一个词，或者从返回的候选词中选取概率较高的词（Beam 搜索）。如果使用 LSTM，则当前状态和输出将在下一个时间步中用作输入信息。系统会重复此过程，直到遇到 <EOS> 标记。

在测试阶段，解码器在 t 时间步的输出被反馈并成为解码器在 $t+1$ 时间步的输入。

图 7-3 显示了选取的部分评估图片，这些图片按照人为评分分成四个等级：描述无错误、描述有小错误、描述与图像有点相关和描述与图像无关。该图来自论文《Show and Tell: Lessons learned from the 2015 MSCOCO Image Captioning Challenge》。

| A person riding a motorcycle on a dirt road. | Two dogs play in the grass. | A skateboarder does a trick on a ramp. | A dog is jumping to catch a frisbee. |

| A group of young people playing a game of frisbee. | Two hockey players are fighting over the puck. | A little girl in a pink hat is blowing bubbles. | A refrigerator filled with lots of food and drinks. |

| A herd of elephants walking across a dry grass field. | A close up of a cat laying on a couch. | A red motorcycle parked on the side of the road. | A yellow school bus parked in a parking lot. |

| 描述无错误 | 描述有小错误 | 描述与图像有点相关 | 描述与图像无关 |

图 7-3　按人为评分分组的评估图片

5. Beam 搜索

Beam 搜索是一种启发式搜索算法，其通过在有限集中扩展最有前途的节点来探索图。它可以认为是对最佳优先搜索的一种优化，从而减少了对内存的需求。基本上，Beam 搜索是一种迭代方法。在 t 时刻，其只基于长度为 t 的 k 个最佳句子生成 $t+1$ 时刻的句子。对于所有长度等于 $t+1$ 的句子，只保留其中最好的 k 个。

7.3.2　其他类型的方法

通常，图像标注生成方法可以分为两类：

· 从视觉输入生成描述（即从头开始生成描述）；

· 在视觉空间或多模态空间中检索描述。

show&tell 算法可以认为是从头开始生成描述（使用 RNN）。

对于检索类型的方法，其可以分为两种类型。

第一种类型是将问题看作是联合多模态空间中的一个检索问题。训练集包含图像 - 描述对或图像块 - 句子片段对，并且使用视觉和文本信息训练联合模型。采用嵌入步骤以构建多模态空间，并且在这种情况下可以应用深度学习类型的网络。学习到的公用表示可用于从图像到描述或从描述到图像的跨模态检索。

第二种类型是将问题转化为视觉空间中的检索问题。例如，系统可以首先探索视觉空间中的相似性以收集一组描述。然后，排名靠前的描述用于形成查询图像的描述。

检索方法的一个问题是其目标不是生成新的文本。此外，它通常需要大量的训练数据才能提供相关的描述。

在过去，也有建立在目标检测和目标识别之上的一些方法，然后使用基于模板的文本生成模式或语言模型来输出文本。图 7-4 显示了一个示例，其首先通过目标检测和目标识别为图像块生成标签，然后基于生成的标签构造句子以生成可能的候选，最后对候选进行排名并选择最可能的候选作为描述。显然，我们可以看到这个过程并没有将图像和文本最优地关联起来。例如，最后标注中的词 "**holding**" 是从图中穿紫色衣服的女人中检测并标记的，但用于描述穿棕色衣服的女人。

图 7-4　图像标注生成示例

图像标注是通过首先检测和识别物体，然后从形成的句子中选择最可能的候选生成的。

7.3.3　数据集

当前存在一些用于评估目的的资源开放数据集，这些数据集由图像和描述图像内容的多个英文句子对组成。图 7-5 展示了一个图片和描述图片内容的 5 个不同句子。

- Basketball player has fallen on the court while another grabs at the ball from out of frame.
- Two basketball players are scrambling for the ball on the court.
- Two basketball players,one on the floor,struggle to gain possession of a basketball.
- Two high school basketball players reach to grab the ball,one falling to the floor.
- Two men in uniforms playing basketball,struggle for the ball.

图 7-5　示例图片和对应的文字描述

表 7-1 列出了 5 个常用数据集的一些基本信息。

表 7-1　常用的图像标注自动生成数据集

数据集名	图片数量	句子数量	目标	网址链接	说明	参考文献
PascalVOC2008	1 000	5	无	http://nlp.cs.illinois.edu/HockenmaierGroup/pascal-sentences/index.html	该数据集是由从 PASCAL 2008 目标识别挑战训练集和验证集中随机选择的 1000 张图片组成。每个图片都与 5 个不同的标注相关联，这些标注描述了图片中呈现的实体和事件，而标注是通过 Amazon Mechanical Turk 提供的众包服务收集的	A.Farhadi,M. Hejrati,M.A.Sadeghi,P.Young,C.Rashtchian,J.Hockenmaier,and D.Forsyth,*Every picture tells a story:Generating sentences from images*,in ECCV,2010
Flickr8K	8 092	5	无	http://nlp.cs.illinois.edu/HockenmaierGroup/8k-pictures.html	该数据集包含了从 https://www.flickr.com/ 上收集的 8092 张描述图片。每个图片都与 5 个不同的标注相关联，这些标注描述了图片中呈现的实体和事件，而标注是通过 Amazon Mechanical Turk 提供的众包服务收集的。该数据集主要包含具有人物和动物场景的动作图片	C.Rashtchian,P. Young,M.Hodosh, and J.Hockenmaier, *Collecting image annotations using amazon's mechanical turk*,in NAACL HLT Workshop on Creating Speech and Language Data with Amazon's Mechanical Turk,2010,pp.139–147
Flickr30K	31 783	5	无	http://shannon.cs.illinois.edu/DenotationGraph/	该数据集由从 Flickr 收集的 31 783 张图片组成。这些图片中的大部分描绘了从事各种活动的人。每张图片都配有 5 个众包标注	P.Young,A.Lai,M.Hodosh,and J.Hockenmaier,*From image descriptions to visual denotations:New similarity metrics for semantic inference over event descriptions*,in ACL,2014
MSCOCO	164 062	5	部分	http://mscoco.org/dataset/#overview	最大的图像标注生成数据集，包含 82 783 张训练图片、40 504 张验证图片和 40 775 张测试图片。每个图片都有 5 个人为注释的标注	T.-Y. Lin,M.Maire,S.Belongie,J.Hays,P.Perona,D.Ramanan,P.Dollar, and C.L.Zitnick,*Microsoft COCO:Common Objects in Context*,https://arxiv.org/abs/1405.0312,2014
SBU1M	1 000 000	1	无	http://vision.cs.stonybrook.edu/~vicente/sbucaptions/	该数据集也来自 Flikr,但具有完全不同的分布。数据集还附带了预先计算的描述符。数据集最初是为检索类型的方法开发的。图像描述最初由 Filckr 用户提供。数据集的作者通过设置过滤检索结果的规则来生成数据集	V.Ordonez,G.Kulkarni,and T.L.Berg,*Im2text:Describing images using 1million captioned photographs*,in NIPS,2011

除了 SBU 数据集之外，其他数据集中的每张图片都被标注者标注了 5 个相对直观和无偏倚的句子。SBU 数据集图片的描述是由其所有者在将图片上传到 Flickr 时给出的，所以不能保证给出的描述是直观或无偏倚的。因此，SBU 数据集具有较多的噪声。

7.3.4 评估方法

图像标注 / 描述结果的评估并不是一项简单的任务。与机器翻译类似，一些已知的挑战包括但不限于：

- 人为评价是主观的。
- 多好才够好？
- 系统 A 比系统 B 好吗？
- 目标应用和上下文依赖。

通常，人们在进行评估时主要考虑两个方面：语言质量和语义正确性。常用的两种评估方法是人为评估和自动测量。

人为评估通常通过众包方式进行，比如 Amazon Mechanical Turk。评估任务通常被设计成包括语法、内容和流利性的问题。图像和生成的描述被提供给评估者。在其他一些情况下，评估者可能会看到两幅图像（一幅带有随机描述，另一幅带有模型生成的标注），并被要求选择一幅。这类方法在比较模型时很有用，而缺乏标准化意味着评估结果可以用于不同的实验。另外，人类评估者可能具有不同的协议水平。因此，有必要制定一种公平和可比性的自动测量指标。自动度量的一些期望属性包括：

- 与量化的人类描述高度相关。
- 对小差异敏感。
- 相似的输入图像 / 参考对具有一致的评估结果。
- 可靠性——得分相似的图像标注系统具有类似的性能。
- 通用性——适用于广泛的领域和场景。
- 快速轻量，无需人工干预。

一些常用的自动评估指标包括 BLEU[一]（基于准确率，来自机器翻译社区）、ROUGE[二]（基于召回率）、METEOR[三]、CIDEr[四] 和 SPICE[五]。

BLEU 和 METEOR 最初是为评估机器翻译引擎或文本摘要系统的输出而开发的，而 CIDEr 和 SPICE 则专门为图像描述或标注评估而设计。

所有这些方法都试图计算算法输出和一个或多个参考文本之间的相似性，而参考文本是通过人工编写或众包服务获取的。

[一] Papineni 等，2002，BLEU: a Method for Automatic Evaluation of Machine Translation.

[二] Chin-Yew Lin，ROUGE: A Package for Automatic Evaluation of Summaries.

[三] Denkowski 和 Lavie，2014，METEOR: An Automatic Metric for MT Evaluation with Improved Correlation with Human Judgments.

[四] Vedantam 等，2015，CIDEr : Consensus-based Image Description Evaluation.

[五] Anderson 等，2016，SPICE : Semantic Propositional Image Caption Evaluation.

1. BLEU

BLEU（Bilingual Evaluation Understudy，双语评估研究）是机器翻译评估的常用指标。它根据参考句子计算候选句子基于 n-gram 的准确率，但不考虑候选句子的可理解性或语法正确性。BLEU 计算 n-gram 准确率的几何均值，并增加一个长度惩罚因子（惩罚那些长度短于参考句子一般长度的系统结果）以惩罚过短的句子。BLEU 的取值范围始终在 0~1 之间。取值接近于 1 时表示候选文本非常类似于参考文本。对于具有多个参考的情况，返回最高分作为质量的评估结果。

BLEU 最常见的形式是 BLEU4，其使用 1-gram、2-gram、3-gram 和 4-gram。但低阶变体如 BLEU1（基于 1-gram 的 BLEU）和 BLEU2（基于 1-gram 和 2-gram 的 BLEU）也被采用。

对于机器翻译，BLEU 通常是在语料库级上进行计算的，其中语料库级与人类判断的相关性较高（首先评估句子，然后将其聚集到语料库级）。对于图像标注，通常在句子级上计算 BLEU，因为单个句子的准确性更有意义。

然而，BLEU 也有一些缺点。例如，当 BLEU 应用于句子级或子句级时，以及仅使用一个参考时，BLEU 表现较差。部分原因是因为 BLEU 是基于 n-gram 的，而较高 n-gram（$n \geq 3$）的计数值可能很多都为零或很小。另外，裁剪 n-gram 计数，比如使得它们不超过参考中每个 n-gram 的计数，会使子句应用变得复杂。

2. ROUGE

ROUGE（Recall-Oriented Understudy of Gisting Evaluation，以召回为导向的摘要评估研究）根据参考句子计算候选句子基于 n-gram 的召回率。它是一个常用的摘要评估指标，其试图回答参考摘要中的词（和 / 或 n-gram）出现在机器生成摘要中的频率［与 BLEU 相比，BLEU 询问的是机器生成摘要中的词（和 / 或 n-gram）出现在人类参考摘要中的频率］。

类似于 BLEU，通过改变 n-gram 计数可以计算 ROUGE 的多个版本。ROUGE 的另外两个版本是 $ROUGE_S$ 和 $ROUGE_L$。$ROUGE_S$ 使用 skip-bigram 计算带有召回率偏差的 F 度量，而 $ROUGE_L$ 使用候选句子和每个参考句子之间的最长公共子序列进行计算。skip-bigram 是 bigram 的一种扩展，其中的单词不一定是连续的，但可能会留下跳过的间隙。对于具有多个参考的情况，返回最高分作为质量的评估结果。

注意在计算 BLEU 和 ROUGE 时，必须对生成描述和参考描述进行包括标记化和剔除非字母数字字符和连字符的预处理。另外，在计算 ROUGE 分数之前，还可以使用词干器删除停止词。

3. METEOR

METEOR（Metric for Evaluation of Translation with Explicit ORdering，具有显式排序的翻译评价指标）最初用于测量机器翻译。它只考虑单字的准确率和召回率，并将召回率和准确率作为加权分数的组成部分。为了处理较长匹配，METEOR 通过将输出与每个参考单独地对齐来计算惩罚因子（该惩罚与 BLEU 的长度惩罚不同），以获得最佳配对分数。METEOR 通过词形变化、同义词匹配和释义词匹配来考虑翻译的可变性，从而实现语义对等词之间的匹配。另外，它通过直接惩罚词序来处理流畅度：机器翻译的输出与参考的匹配有多零散？与 BLEU 相比，METEOR 与人工判断具有显著较高的相关性，特别是在片段级别。

4. CIDEr

CIDEr（Consensus-based Image Description Evaluation，基于一致性的图像描述评价）用于测量生成句子与一组人工书写的真实句子之间的相似性，其试图解决先前度量指标与人工判断之间相关性较弱的问题。CIDEr 与人工评估具有较高的共识一致性。通过使用句子相似性，CIDEr 本质上捕获了语法性、显著性、重要性和准确性（准确率和召回率）的概念。

5. SPICE

SPICE（Semantic Propositional Image Caption Evaluation，语义命题图像字幕评价）是建立在语义场景图基础上的评估指标。与前面提到的标准测量指标相比，SPICE 与人工判断具有更好的相关性。SPICE 的作者证明了先前的度量指标对 n-gram 重叠很敏感，而这种敏感对两个句子表达相同意思既不必要也不充分。无论如何，SPICE 着重于恢复对象、属性以及它们之间的关系；其不考虑语法和句法方面。类似于基于 n-gram 的度量指标，SPICE 隐式地假定标注具有良好的格式。人们建议将流畅度指标包括在 SPICE 之内。

6. 排序位置

对于基于排序或检索的图像生成系统，其原始文本描述的排序位置可用于评估系统，比如位置 k 的召回率（$R@k$）和中值排序分数，其中 $k = 1,3,5$。位置 k 的召回率（$R@k$）表示模型在前 k 个结果中返回原始项的测试查询百分比。不同的是，中值排名表示系统召回率为 50% 时的 k 值（即为了找到一半查询的原始项而必须考虑的结果数量）。因此，k 值越小，则性能越好。

7.3.5 注意力模型

神经网络中的注意力机制大体上基于人类的视觉注意力机制，其思想是在算法每次试图进行预测或完善预测时，将关注点放在输入的不同部分。

在计算机视觉中，注意力是指在以高分辨率关注或聚焦于图像某一区域的同时，能够以低分辨率感知周围图像以便更好地理解图像中的显著内容，并随着时间的推移调整聚焦点的能力。将注意力模型引入到图像理解能够带来如下好处。

首先，它帮助模型只关注那些对图像观看者（人或计算机）重要的显著目标或区域，而对背景关注较少或计算较少。

其次，它不仅提供了关注图像某些方面的能力，而且在每次对特定区域进行高分辨率放大的情况下具有执行信息提取或理解结果的能力。这些能力提供了更好的机会来更准确地理解局部内容。以图像为例，这种注意力有助于生成表示局部信息的嵌入特征向量。该特征向量与来自整个图像的全局嵌入特征向量相比，具有更细的粒度。

注意力模型并不是一个新的概念，其已经应用于图像追踪（Denil 等，2011, Learning where to Attend with Deep Architectures for Image Tracking）等许多其他领域。

自然语言处理（NLP）中也使用了注意力。下一节中将首先简要介绍注意力在 NLP 中的使用情况，因为这将有助于我们更好地理解它在计算机视觉中的应用。

1. 自然语言处理中的注意力模型

本节将讨论在 RNN 中使用注意力模型来进行机器翻译。

机器翻译问题可以形式化为 $P(T|S)$ 上的优化问题，其中 S 是源句子，T 是翻译后的句子。机器翻译系统有两个主要组成部分：编码器和解码器。

给定一个输入 S 和这个句子中的每个词，我们可以展开 RNN，因此对于每个时间步，RNN 将以输入词与上一个时间步的状态为输入来更新其内部状态。例如在图 7-6 中，输入词被送入到 RNN 的编码器中。在编码器处理完最后一个词后，生成的状态本质上是整个句子的向量表示。随后，解码器将其作为输入来生成序列中每个翻译词的概率，直到到达 **<EOS>** 标记为止。也就是说，解码器基本上在翻译一个句子。

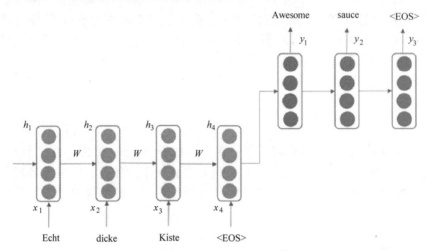

图 7-6　基于编码器 - 解码器框架的翻译示例

整个句子如何有效地用单个向量表示？事实上，研究人员发现，如果把句子嵌入到低维空间中，那么具有相似含义的句子将会彼此更接近。

然而，当处理较长句子时，问题就会出现（在第 5 章中比较 RNN 和 LSTM 网络时，简单地提到了这一点，因为 LSTM 网络能够部分地解决这个问题）。图 7-7 显示了类似的句子在汇总向量空间中相互靠近（如左图所示）。该图也显示了较长句子的问题。

此外，如果用两种语言构建句子的方式在顺序上存在显著差异，那么问题会变得更糟。例如，在一些语言中，如日语，最后一个词可能对预测第一个词非常重要。而将英语翻译成法语可能更容易，因为两种语言在句子的顺序（句子的组织方式）方面较类似。

一种解决方案是把关注点放在句子的一部分上，并且对每个部分都生成下一个词的预测。这听起来像采用分治技术将句子分成较小的部分，并假设在源句子和目标句子中，句子的不同部分之间都存在局部连接。

这就省去了将全部的源句子编码成固定长度向量的工作。因此，现在词的预测并不单独依赖于最终的句子嵌入或解码器的先前状态，而是依赖于编码器所有状态的加权组合，并且在最相关的部分上具有较大的权重。每个状态的权重都反映了解码器的预测对每个输入词的依赖程度。

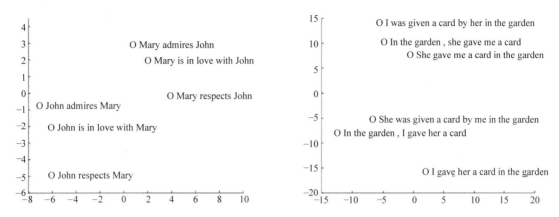

图 7-7 句子表示的二维可视化
（图片来自 Sutskever 等的论文"Sequence to Sequence Learning with Neural Networks"）

现在的问题是，如何在计算机视觉应用中推广或利用这种想法？

2. 计算机视觉中的注意力模型

在机器翻译中，注意力机制帮助神经网络专注于输入的特定部分，比如每个时间步中的 1~2 个词。类似于在机器翻译中的使用，注意力模型还有助于图像神经网络关注不同的空间区域或一些显著区域，以便更好地理解图像内容。

回想一下，上一节讨论了如何首先对输入图像进行编码，并将图像嵌入作为随后 RNN/LTSM 网络在第一个时间步的输入。现在，系统需要区分图像的不同块或空间区域，因为从人们理解图像的角度来看，它们并不是同等重要的。因此，Xu 等在他们的奠基性论文《Show, attend and tell: Neural Image Caption Generation with Visual Attention》中提出了一种将注意机制并入系统的方法。

不同于以前的工作，特征嵌入是从全连接层中提取的 (这样的嵌入表示整个图像，类似于之前提到的表示整个句子的嵌入)，Xu 等首先从较低的卷积层中提取特征。这允许解码器通过选择所有特征向量的子集来选择性地聚焦于图像的某些部分。图 7-8 显示了论文《Show, attend and tell: Neural Image Caption Generation with Visual Attention》中的模型架构。

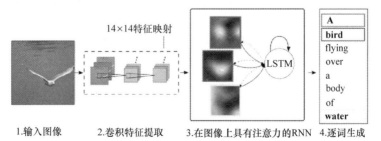

图 7-8 具有视觉注意力的图像标注生成模型框架

因此，与形成单个向量或嵌入以表示图像信息的先前模型不同，这次形成了矩阵来表示多个图像块（图 7-8 中的第二步）：

$$a = \{a_1, a_2, \ldots, a_L\} a_i \in R^D$$

式中，每列是与图像的一部分相对应的 D 维向量表示，并且整个图像由 L 个向量组成的集合表示。

回想一下，第 3 章介绍了 LSTM 网络。其中提到在每个时间步，LSTM 单元都具有三个输入，分别来自实际输入数据、遗忘网关和记忆网关。

假设第 $t-1$ 时间步的隐藏状态用 h_{t-1} 表示。注意力模型，也是多层感知器模型，将为每个图像块输出一个正权重：

$$e_{ti} = f_{att}\left(a_i, h_{t-1}\right)$$

$$\alpha_{ti} = \frac{e^{e_{ti}}}{\sum_{k=1}^{L} e^{e_{ik}}}$$

式中，α_{ti} 是第 t 时间步时第 i 个图像块的权重。注意它们通常归一化为 1，以便在输入状态上形成分布。所以，α_{ti} 表示位置或图像块 i 是产生下一个词需要聚焦的位置的概率或者第 i 个图像块在所有 L 个图像块中的重要性。有了这个权重，所有图像块信息与每次都改变的关注点或重要性可以进行动态地组合，以生成上下文向量。该上下文向量可用于更新 LSTM 单元状态和生成预测输出。

在训练阶段，不但 LSTM 单元的参数进行了更新，而且决定每个图像块权值或重要性的多层感知器模型的参数也进行了更新。

图 7-9 来自于论文《Show, Attend and Tell: Neural Image Caption Generation with Visual Attention》，其中上一行图显示了随时间的推移注意力的变化，下一行图显示了关注图像中的特定目标并生成正确的词。

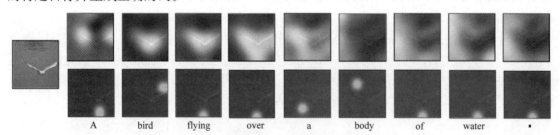

A   bird   flying   over   a   body   of   water   .

图 7-9　不同时间步时的注意力

图 7-9 显示了模型生成每个词时注意力随时间的变化，其中高亮显示的部分反映了图像中与词相关的部分。上一行图是软注意力模型的结果，而下一行图是硬注意力模型的结果。

图 7-10 也来自于论文《Show, Attend and Tell: Neural Image Caption Generation with Visual Attention》。该图显示了图像的关注部分（白色高亮显示部分）与描述该部分（带有下划线）的单词的对应关系。

A woman is throwing a frisbee in a park.

A dog is standing on a hardwood floor.

A stop sign is on a road with a mountain in the backgroud.

A little girl sitting on a bed with a teddy bear.

A group of people sitting on a boat in the water.

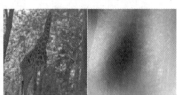
A giraffe standing in a forest with trees in the background.

图 7-10　注意力关注到正确目标的示例

硬注意力与软注意力的区别

注意力模型有两种：硬注意力和软注意力。

在硬注意力情况下，句子中的每部分或图像中的每个图像块要么被用来获取上下文向量，要么被丢弃。在这种情况下，α_{ti} 表示部件或图像块被使用的概率；也就是指示变量 $s_{ti} = 1$ 的概率。例如，在 Xu 的论文《Show, Attend and Tell: Neural Image Caption Generation with Visual Attention》中，硬注意力情况下上下文向量的计算公式为：

$$z_i = \sum_i s_{ti} a_i$$

给定和为一的准则，可以清楚地看出，硬注意力选择概率最大的元素。这无疑在哲学上更有吸引力，并且在计算方面也更具可扩展性和高效性。然而，这样的定义是不可微的。在 Xu 的论文中，他用蒙特卡罗方法来近似导数。读者可以查阅强化学习文献来了解更多细节。

另一方面，软注意力则没有这样的限制。因此，软注意力是可微的，其可以采用梯度下降算法通过简单地反向传播误差来学习模型。

7.4　视觉问答

视觉问答（Visual Question Answering，VQA）的任务是回答关于给定图片的开放式文本问题。VQA 由 Antol 等[⊖] 在 2015 年提出。这一任务是计算机视觉和 NLP 两个领域的交叉。它需要理解图像以及解析并理解文本问题。由于其多模态特性和定义明确的量化评估指标，VQA 被认为是一项重要的人工智能任务。VQA 具有帮助视障人士等潜在的实际应用价值。

表 7-2 给出了 VQA 任务的几个示例。

⊖ https://www.cv-foundation.org/openaccess/content_iccv_2015/papers/Antol_VQA_Visual_Question_ICCV_2015_paper.pdf.

表 7-2　视觉问答任务示例

 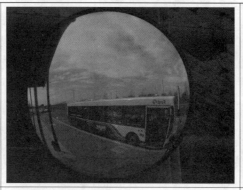 

Q: How many giraffes can be seen? A: 2	Q: Is the bus door open? A: Yes	Q: If you were to encounter this sign, what would you do? A: Stop

　　已经提出了几个数据集用于VQA，包括但不限于 VQA v1⊖、VQA v2⊜、视觉基因组数据集⊜和自由式多语言图像问答（FM-IQA）数据集⑩。

　　本章主要关注 VQA v1 和 v2 数据集。VQA 数据集中的问题主要是关于图像的细节，所以 1~3 个单词往往就足以给出答案。以表 7-3 中的最右边图为例。问题是，如果你遇到这个标志，你会怎么做？可以用一个词回答："**Stop**"。主要有三种答案："是 / 否"、"数字"和其他开放式答案。实验结果表明，机器学习系统对"是 / 否"的回答准确率最高，其次是数字答案和其他答案。也有答案可以从常识中获到，而不用看图像。例如，消防栓的颜色是什么？

　　此外，依靠基于语言的先验信息可以获得良好的性能。换句话说，只要看问题和训练问题 / 答案对，就可以在不看图像的情况下而推断出答案。因此，VQA v2 使用平衡对来强调计算机视觉的作用。它为一个问题提供两个图像，而每个图像会导致不同的答案。这就阻止了基于问题本身或语言先验的盲猜测。VQA v2 数据集由 204 721 个 COCO 图片、1 105 904 个问题和人类注释者提供的 11 059 040 个答案组成。

　　VQA 数据集（具有 10 个人类注释者）的评估指标是，对于由人工智能产生的特定答案，其精度为：

$$\text{Accuracy}(\text{AI}_{answer}) = \min\left(\frac{\text{说 AI}_{answer}\text{ 的人数}}{3}\right)$$

　　然后，该精度在 C_{10}^{9} 个人类注释者集上取平均值。如果答案是自由式短语或句子，而不仅仅是 1~3 个单词，那么可以使用本章前面介绍的 BLEU、METEOR 或 CIDEr。Gao 等在其论文《Are You Talking to a Machine? Dataset and Methods for Multilingual Image Question

---

⊖ http://visualqa.org/vqa_v1_download.html.

⊜ http://visualqa.org/download.html.

⊜ http://visualgenome.org/.

⑩ http://idl.baidu.com/ FM-IQA.html.

Answering》中提出了自由式答案的视觉图灵测试。从本质上来说，人类评判员会得到人类
注释者或机器学习模型的答案，然后他或她需要决定答案是来自人类还是机器。

解决 VQA 问题的一个流行范式是将问题作为分类问题提出，然后使用**卷积神经网络
（ CNN ）** 对图像进行编码，使用**循环神经网络（ RNN ）** 对问题进行编码，最后把两种编码
进行组合并送入到多层感知器分类器。图 7-11 阐明了这一设想。

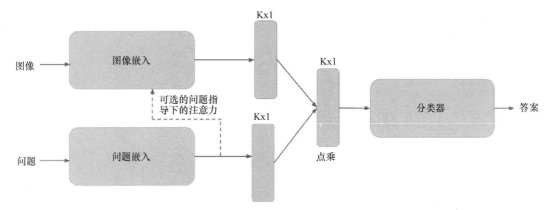

图 7-11　视觉问答模型框架

图像嵌入通常可以使用预先训练好的 CNN 模型来完成。例如，可以使用 VGG 网
络的最后一个隐藏层⊖作为图像嵌入。预训练的权值文件可以从 http://www.cs.toronto.
edu/~frossard/post/vgg16/ 上下载。另一种方法是将问题指导的注意力引入到图像嵌入。

例如，可以预先训练一个 CNN 模型来生成 $M \times K$ 个特征，其中 M 是图像中的位置数量，
K 是特征向量的维数。然后，将问题嵌入与图像中不同位置处的特征向量进行连接，并计
算权值。读者可以参考文献⊜以了解权值计算的详细信息。最终的图像嵌入是 M 个特征向量
的加权平均。

为了嵌入问题，将问题限制到一定的长度，然后使用全连接层和 tanh 非线性激活函
数以 300 维的向量编码每个词，最后将问题中的每个词嵌入提供给 RNN（ 比如，LSTM
网络 ）。使用这个 RNN 的最终状态作为问题的嵌入。

最后，将图像嵌入和问题嵌入进行点乘并将其送入到多层感知器分类器以产生结果。
截至 2017 年 12 月，VQA 数据集中表现最好的模型在所有类型问题上的精度为 69%，而人
类的精度约为 83%。这一巨大差距表明，VQA 是一项具有挑战性的人工智能任务，仍有很
大的改进空间。

7.5　基于多源的自动驾驶

自动驾驶离我们远吗？也许不远。可以看一下摩根士丹利研究部门发布的路线图（ 见
图 7-12 ）：预计在 10~15 年的时间里，我们可以安全地让汽车在不受太多干扰的情况下实现
自动驾驶。

⊖ http://www.robots.ox.ac.uk/~vgg/research/very_deep/.
⊜ https://arxiv.org/abs/1708.02711.

采用时间表

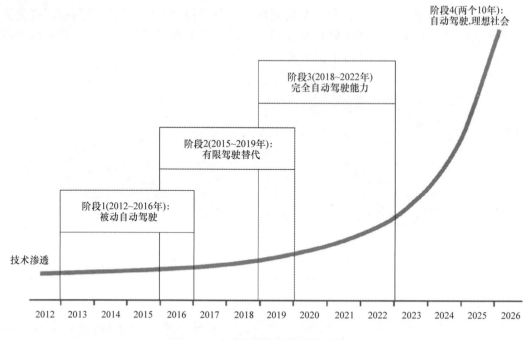

图 7-12　自动驾驶技术推进路线图

伟大的应用需要强大的工具来实现它们，而深度学习被认为是一种这样的工具。深度学习可能有助于解决自动驾驶汽车系统中存在的许多问题，比如：

- 车道检测；
- 行人检测；
- 道路标志识别；
- 交通灯检测；
- 人脸检测／识别；
- 汽车检测；
- 障碍物检测；
- 环境识别；
- 人类行为识别；
- 盲点监测。

对于所有这些问题，可以利用多个数据源来获得更高的准确性和速度。基本上，自动驾驶汽车可以配备各种传感器，例如可见光或红外摄像机、激光雷达、雷达、超声波、GPS／IMU 和音频等，以便能够看到自动驾驶所处的环境。可以联合使用来自这些不同模态的数据进行决策并生成驾驶指令。不同的数据来源以某种格式从环境中获取部分信息，然后可以将这些信息结合起来处理：

- 定位与映射——汽车在哪里？

- 方向——汽车朝哪个方向行驶？
- 检测——汽车的周围是什么，静态和动态？
- 感知 / 场景理解——检测到的物体是什么？是交通灯、车道，还是移动的行人或汽车？
- 预测——检测到的对象在未来如何改变？
- 运动规划——最佳汽车行驶路线和速度？如何从 A 移动到 B？
- 车辆指令——加速、制动或减速、转向 (左或右)、改变车道。
- 驱动程序状态——驱动程序在做什么？

在来自百度的 Chen 等最近发表的论文《Multi-View 3D Object Detection Network for Autonomous Driving》中，作者使用激光雷达和摄像机获取数据，然后提出了**多视图三维**（**Multi-View three-dimensional，MV3D**）网络，以便将激光雷达图像和摄像机图像整合进复杂的神经网络流水线中。MV3D 网络的架构如图 7-13 所示。

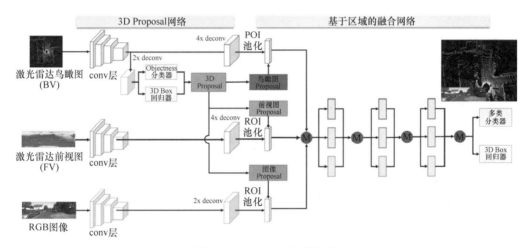

图 7-13　MV3D 网络的架构

执行过程如下：

1）该 **MV3D** 网络首先利用激光雷达数据中的鸟瞰图来生成三维边界框 proposal。

2）生成的边界框随后被投影到不同的方向以获得感兴趣的二维区域 proposal，然后将这些 proposal 用于 RGB 图像和激光雷达的鸟瞰投影数据和前视图投影数据中。

3）产生的感兴趣区域被输入到多层网络中，以获得基于区域的融合结果。

感兴趣的读者可以参考前述的 Chen 的论文以获得更详细的信息。

当前，用于自动驾驶的多模态公开数据集并不多。一个众所周知的数据集是 KITTI 数据集 (http://www.cvlibs.net/datasets/kitti/)。KITTI 数据集由一个名为 **Annieway** 的自动驾驶平台收集，该平台是卡尔斯鲁厄理工学院和芝加哥丰田技术学院的一个项目。数据集是通过在中等城市卡尔斯鲁厄的农村地区和高速公路上驾驶捕获的。总的来说，它包含 6h 的交通场景，在 10~100Hz 范围内使用多种传感器类型，比如高分辨率彩色和灰度立体摄像机、Velodyne 三维激光扫描仪和高精度 GPS/IMU 惯性导航系统。

数据已经过校准、同步和加上时间标记，并提供校正和原始图像序列。KITTI 数据集适用于立体声、光流、视觉测距、三维物体检测和三维跟踪等任务。准确的地面真相由 Velodyne 激光扫描仪和 GPS（全球定位系统）提供。每幅图片最多可以看到 15 辆车和 30 个行人。有些对象标签以 3D trackelets 的形式提供。KITTI Vision Benchmark Suite 还附带了每个任务的几个基准以及一个评估度量。

 一次迭代是指对一批的训练。

对于有兴趣将深度学习应用于自动驾驶的读者来说，互联网上有很多很好的资源，比如：
- 端到端基于视觉的自动驾驶：https://devblogs.nvidia.com/parallelforall/deep-learning-self-driving-cars/；
- 麻省理工学院的自动驾驶课程：https://selfdrivingcars.mit.edu/。

7.6　小结

本章介绍了什么是多模态学习和其挑战，以及多模态学习的一些具体领域和应用如图像标注生成、视觉问答（VQA）和汽车自动驾驶。下一章将介绍强化学习的基础知识，并了解如何应用深度学习来提高其性能。

第8章
深度强化学习

前几章介绍了应用于计算机视觉和**自然语言处理（NLP）**领域的深度学习基础知识。大多数这些技术可以大体上归类为监督学习技术，其目标是从训练数据中学习模式并将其应用于未见的测试实例。这种模式学习通常表示为学习大量训练数据的模型。然而，获得大量的带标签数据往往是一项挑战。这就需要一种新的方法来从带标签或不带标签的数据中学习模式。为了确保正确的训练，如果模型正确地学习了模式，则以奖励的形式提供最少的监督；否则，以惩罚的形式提供监督。为了完成这项任务，强化学习以原则性的方式提供了一个统计框架。本章将介绍强化学习的基础知识，以及如何应用深度学习来提高其性能。本章将专门回答以下问题：

- 什么是**强化学习（Reinforcement Learning , RL）**？
- 哪些核心概念构成了解强化学习的基础？
- 什么是**深度强化学习（Deep Reinforcement Learning , DRL）**？
- 如何使用 TensorFlow 实现深度强化学习的基本功能？
- 深度强化学习最流行的应用有哪些？

8.1 什么是强化学习

到目前为止，本书将人工智能看作一个从大量数据中学习的框架。例如，如果正在训练像 MNIST 这样的图像分类器，那么需要为每个图像标注它们所代表的数字。或者，如果正在训练一个机器翻译系统，那么需要提供一个并行对齐的成对句子语料库，其中每一对需在源语言中构成一个句子，在目标语言中构成一个等效的翻译。在这样的环境下，当前才有可能构建一个高效的基于深度学习的人工智能系统。

然而，这种系统的大规模部署和工业化依然存在的一个核心挑战是需要高质量的带标签数据。获取数据很便宜，但是策划和注释很昂贵，因为它需要人工干预。人工智能领域的一个宏伟愿景是克服这一数据限制障碍，并建立一个不需要标签而仅仅需要一种弱监督形式就能从数据中学习正确模式的完全自治系统。这样的系统将直接与环境进行交互，并在一段时间内学习最佳行为。这种模型类似于通过反复试验进行学习，其中所采取的动作是根据每项动作的结果在一段时间内加以改进的。下面的章节概述了强化学习的问题设置以及解决强化学习的传统方法。

8.1.1　问题设置

强化学习的核心设置包括两部分：①智能体和②环境。两者相互进行动态地交互。比如，智能体采取特定的动作来改变环境的现有状态。基于这种改变，环境转变为新的状态，并向智能体提供反馈以说明智能体所采取的动作是积极的还是消极的。这种反馈就是我们所说的智能体弱监督。在接收到此反馈后，智能体将尝试学习并优化其未来的动作，以便最大化其正面反馈。这个反馈通常被称为回报函数。经过几次迭代后，当智能体学习得很好时，其采取的动作被认为是最佳动作。图 8-1 给出的强化学习基本交互模型详细地说明了这个概念。

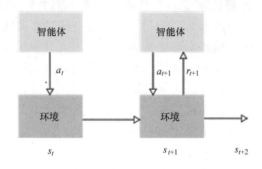

图 8-1　强化学习的基本交互模型

更正式地说，智能体 A 在 t 时刻观察到环境 E 的状态为 s_t。智能体通过采取动作 a_t 与环境 E 进行交互。这个动作导致环境 E 在 $t+1$ 时刻转换到新的状态 s_{t+1}。当处于 s_{t+1} 状态时，环境 E 向智能体 A 发送标量回报值 r_{t+1}。智能体现在接收该回报并重新计算其策略以便采取新动作 a_{t+1}。通常情况下，这是通过策略 π 完成的。该策略将给定状态 s 映射到特定动作 a：$a=\pi(s)$。最优策略 π^* 被定义为在一段长时期内能够使从环境中获得的期望回报最大化的策略。对于环境处于状态 s 并且智能体采用动作 a 时的期望回报值，其通常采用下面的值函数来度量：

$$Q^{\pi}(s,a) = \mathbb{E}[r_{t+1} + \gamma r_{t+2} + \gamma^2 r_{t+3} + \gamma^3 r_{t+4} + \cdots | s,a]$$

式中，γ 是一个折扣因子，其值介于 0~1 之间。解决这一问题的主要学习策略有三种：

- **基于值函数的强化学习**：这个策略的目标是估计一个最优值函数 $Q^*(s,a)$，然后简单地选择一个策略来最大化给定状态 - 动作组合的值函数。
- **基于策略的强化学习**：该策略的目标是寻找能够实现最大未来回报的最优策略 π^*。
- **基于 Actor-Critic 的强化学习**：这是一个同时使用值函数和基于策略的搜索来解决强化学习问题的混合策略。

下面的章节将详细地介绍这些策略。

8.1.2　基于值函数学习的算法

基于值函数学习的强化学习算法着重于定义每个状态 - 动作对的值函数的关键方面。

更正式地说，值函数被定义为在状态 s 和策略 π 下获得的期望回报值：

$$V^\pi(s) = \mathbb{E}(R \mid s, \pi)$$

一旦定义了这个值函数，选择最优动作（或最优策略）的任务就会简化为学习最优的值函数，如下所示：

$$V^*(s) = \max_\pi V^\pi(s), \forall s \in S$$

估计这个函数最优值的一个挑战是缺乏一个完整捕获每个可能动作以及所有可能状态转移回报值的状态 - 动作转移矩阵。克服这一问题的简单技巧是用一个质量函数（也称为 Q 函数）替换这个值函数，如下所示：

$$Q^\pi(s, a) = \mathbb{E}(R \mid s, a, \pi)$$

 这里需要注意的一个重要区别是 Q 函数假设状态和动作是给定的。

因此，通过简单地采取一种最大化当前状态的 Q 函数值的动作，就可以以贪婪的方式选择最佳策略，如下所示：

$$Q^*(s) = \max_a Q^\pi(s, a)$$

现在剩下的核心问题是计算 Q 函数的一个良好估计：Q^π。如前所述，可以采用如下表示：

$$Q^\pi(s, a) = \mathbb{E}[r_{t+1} + \gamma r_{t+2} + \gamma^2 r_{t+3} + \gamma^3 r_{t+4} + \cdots \mid s, a]$$

假设给定当前状态，通过使用马尔科夫性假定，则所有的将来状态都条件地独立于所有的过去状态。这使我们能够在动态规划框架下使用反向归纳法求解这个方程。这类技术中最常用的算法之一是贝尔曼方程。使用贝尔曼方程，Q 函数可以按如下方式递归地展开：

$$Q^\pi(s_t, a_t) = \mathbb{E}_{s^{t+1}}[r_{t+1} + \gamma Q^\pi(s_{t+1}, a_{t+1}) \mid s_t, a_t]$$

该方程表明 $Q^\pi(s, a)$ 的值可以迭代地改进。这允许一种简单的基于增量更新的方法来学习最优的 Q 函数（这也称为 Q 学习）：

$$Q^\pi(s_t, a_t) \leftarrow Q^\pi(s_t, a_t) + \alpha * \delta$$
$$\delta = Y - Q^\pi(s, a)$$
$$Y = r_t + \gamma \max_a Q^\pi(s_{t+1}, a)$$

完整的 Q 学习算法可以概括如下：

对所有状态和动作组合任意地初始化 **$Q(s, a)$**
对于每次实验（episode）
　　采样一个状态 **s**
　　对于实验中的每个时间步 **t**
　　　　使用 **$Q(s, a)$** 采用贪婪策略选择动作 **a_t**

执行动作 a_t 并观察回报 r_{t+1} 和下一个状态 s_{t+1}
更新 $Q(s,a)$ 基于前述的方程
将状态 s 更新为 s_{t+1}
重复上述过程直到 s 变成终止状态

8.1.3 基于策略搜索的算法

与基于值函数学习的算法相反，基于策略搜索的算法在策略空间下直接搜索最优策略 π^*。这通常是通过参数化策略 π_θ 来实现的，其中参数 θ 通过最大化回报的期望值 $E(r|\theta)$ 进行更新。参数 θ 的引入可以将先验信息添加到策略搜索中，从而通过使用该信息来限制搜索空间。

当任务众所周知并且整合先验知识可以很好地服务于学习问题时，这类技术经常被使用。基于策略的算法可以进一步细分为两类：

- **基于无模型的策略搜索**：这类方法使用交互值直接更新策略。因此，它们需要大量的值或样本来搜索最佳策略。因为它们没有强加特定的模型结构，所以它们广泛地适用于许多不同的任务。
- **基于模型的策略搜索**：这类方法基于提供的交互值近似模型，并使用模型来优化策略。在严格的模型假定下，它们只适用于能够学习到好模型的情况。另一方面，还允许它们使用较少的值来尽可能地近似化一个好模型。

8.1.4 基于 Actor-Critic 的算法

基于值函数的算法与基于策略的算法彼此独立，没有相互借鉴。基于 Actor-Critic 的算法旨在改善这一缺点。该算法将值函数与策略迭代算法相结合，以便在每次迭代时基于更新后的值函数更新策略。图 8-2 给出的基于 Actor-Critic 的强化学习模型详细地说明了这个工作流程。

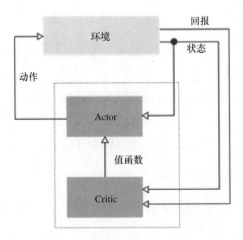

图 8-2 基于 Actor-Critic 的强化学习模型

在图 8-2 中，从 **Actor**（基于策略的算法）的一个初始策略开始。**Critic** 或值函数接收来自**环境**的新状态和回报，并将更新后的值发送回 **Actor**。在收到此反馈后，**Actor** 更新其策略并根据此策略生成一个新动作。从 **Critic** 那里获得更新后的值函数的过程可以认为是在系统中引入偏差的一种途径。

8.2 深度强化学习

正如前面几节所述，任何基于强化学习的系统都只有很少的几个核心组件。值函数 $v(s,\theta)$ 或 Q 函数 $Q(s,a,\theta)$ 以及策略函数 $\pi(a|s,\theta)$ 可以是无模型或基于模型的。任何基于强化学习系统的广泛适用性取决于这些估计的好坏。在实践中，现有的 Q-learning 系统存在多个缺点：

- **维度灾**：如果将基于 Q-learning 的技术应用于高维强化学习场景，比如根据游戏屏幕图像的当前像素值预测下一个操作杆运动。具有布尔像素值的 32×32 大小的图像将导致总共 2^{1024} 个状态。Q-learning 需要大量的样本才能有效地处理这种状态爆炸。

- **样本相关性**：考虑到 Q-learning 更新以在线方式进行，连续的样本通常高度相关。这将导致系统的学习不稳定。

这些缺点共同的一个基本挑战是，能否以紧凑模型的形式简洁地表示高维环境。这是最近在深度学习方面取得的进展发挥重要作用的地方。如前几章所示，深度学习可以很好地完成图像建模任务，它可以将高维图像像素向量转换为保留图像基本语义信息的紧凑特征集。这就是深度强化学习的基础。

下面将介绍一些为了实现高性能强化学习系统而引入的基于深度学习的技术。

8.2.1 深度 Q 网络（DQN）

Q-learning 一直是众多强化学习算法的主要支柱。然而，它并不能很好地适应高维环境，比如建立一个强化学习系统来玩 Atari 游戏。DQN 使用**卷积神经网络（CNN）**将这个高维状态 - 动作空间映射为稳定的 Q 值函数输出。图 8-3 在高层次上展示了这种交互。其核心思想是 CNN 在学习结构化数据的相关性方面非常有用。因此，CNN 首先从游戏屏幕中获取原始图像像素值，然后通过最佳动作值（即游戏杆位置）获知像素值间的相关性，最后输出相应的 Q 值。这使我们能够逼近一个稳定的 Q 函数。

DQN 使用具有三个卷积层和两个全连接层的标准 CNN 架构，架构的详细信息如表 8-1 所示。

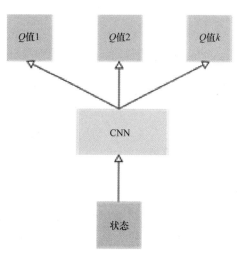

图 8-3 DQN 的高级架构

表 8-1 DQN 架构中 CNN 的详细信息

网络层	输入大小	过滤器的大小	过滤器的数目	步幅大小	激活函数	输出大小
Conv-1	$84 \times 84 \times 4$	8×8	32	4	ReLU	$20 \times 20 \times 32$
Conv-2	$20 \times 20 \times 32$	4×4	64	2	ReLU	$9 \times 9 \times 64$
Conv-3	$9 \times 9 \times 64$	3×3	64	1	ReLU	$7 \times 7 \times 64$
fc4	$7 \times 7 \times 64$	—	512	—	ReLU	512
fc5	512	—	18	—	线性函数	18

通过近似, CNN DQN 解决了维数问题的困扰。然而, 由于输入序列数据的高度相关性, 它仍然需要处理不稳定的学习问题。DQN 使用了许多不同的技巧来处理这个问题, 例如:

- 经验回放（Experience Replay）机制;
- 目标网络;
- 回报剪裁。

1. 经验回放机制

经验回放机制背后的核心思想是将过去的经验存储在内存中, 并在学习阶段从中进行采样。更具体地说, 在每个时间步 t, DQN 存储形如 $(s_t, a_t, s_{t+1}, r_{t+1})$ 的经验 e_t。为了减少序列数据的相关性, 它使用如下的均匀分布从事件缓冲区中采样事件:

$$e \leftarrow \mathbb{U}(e_1, e_2, \cdots, e_t)$$

这使得网络能够避免由于数据相关性而造成的过拟合。从实现的角度来看, 这种基于小批量的更新可以大规模并行, 从而缩短训练时间。这种批处理更新还减少了与环境的交互次数, 并降低了每次训练更新的方差。此外, 从历史事件中均匀采样可以避免忘记重要的转移, 否则这些转移将在在线训练中丢失。

2. 目标网络

Q-learning 不稳定的另一个原因是目标函数的频繁变化, 如下式所示:

$$\theta_{t+1} = \theta_t + \alpha(Y_t^Q - Q(s_t, a_t; \theta_t))\nabla_{\theta_t} Q(s_t, a_t; \theta_t)$$
$$Y_t^Q = r_{t+1} + \gamma \max_a Q(s_{t+1}, a; \theta_t)$$

目标网络方法为每个指定的步数（例如, 1000 步）固定目标函数 $Q(s, a; \theta_t)$ 的参数。在每次实验结束时, 使用来自网络的最新值更新该参数:

$$Y_t^{\mathrm{DQN}} = r_{t+1} + \gamma \max_a Q(s_{t+1}, a; \theta_t^-)$$

3. 回报剪裁

当将 DQN 应用于奖励点不在相同范围内的不同环境设置时, 训练就会变得效率低下。例如, 在一场比赛中, 一个积极的奖励会带来 100 分的增加, 而在另一场比赛中, 奖励只有 10 分。为了使奖励和惩罚在环境的所有设置中都统一, 需要使用回报剪裁。在该技术中, 每个正值回报被剪裁为 +1, 而每个负值回报被固定为 -1。因此, 这避免了较大的权值更新, 并允许网络平稳地更新其参数。

8.2.2 双 DQN

根据上一节中的 DQN 方程可知，即 Y_t^{DQN} 中的 max 算子使用相同的值来选择和评估特定的动作。通过按下式重写 DQN 函数可以更清楚地看到这一点：

$$Y_t^Q = r_{t+1} + \gamma Q(s_{t+1}, \arg\max_a Q(s_{t+1}, a;\ \theta_t);\ \theta_t)$$

这通常会造成过估计 Q 值，即导致超过最优 Q 值的估计。为了用例子来阐明这一点，考虑这样一个场景：对于一组动作，具有相同的最优 Q 值。但是，由于使用 Q-learning 的估计是次优的，所以将有高于或低于最优值的 Q 值。由于方程中的 max 算子，故从最优值中选择具有最大正误差的动作，并且该误差会进一步传播到其他状态。因此，状态不具有最优值，而是接收到这种额外的正偏差，从而导致 Q 值高估问题。

为了克服这一问题，设计了双 DQN。该网络的核心思想是将选择过程与评估步骤解耦。这是通过学习分别具有参数 θ 和 θ' 的两个不同值函数来实现的，一个用于选择，另一个用于评估。在每次训练更新期间，一个值函数用于使用贪婪策略选择动作，而另一个值函数用于评估其更新值。具体公式如下所示：

$$Y_t^Q = r_{t+1} + \gamma Q(s_{t+1}, \arg\max_a Q(s_{t+1}, a;\ \theta_t);\ \theta_t')$$

解释这种解耦机制的另一种方式是将双 DQN 看作学习两个不同的 Q 函数，即 Q_1 和 Q_2，如下所示：

$$Q_1(s_t, a_t) \leftarrow r_{t+1} + \gamma Q_2(s_{t+1}, \arg\max_a Q_1(s_{t+1}, a))$$

$$Q_2(s_t, a_t) \leftarrow r_{t+1} + \gamma Q_1(s_{t+1}, \arg\max_a Q_2(s_{t+1}, a))$$

优先经验延迟

前一节通过对输入序列数据去相关知道了经验延迟对稳定 Q-learning 的重要性。在经验延迟中，使用均匀分布从经验缓冲区中采样事件。这样做的效果是将每个历史事件的优先级视为相同。然而，在实践中，这并不是事实。有些事件比其他事件更有可能增强学习过程。

找到这类事件的一种方法是查找不符合当前 Q 值估计的事件。通过选择这些事件并将其输入到学习过程中，可以增强网络的学习能力。这一点可以进行直观地理解：当我们在现实生活中遇到与我们期望相差甚远的事件时，我们试图找到更多这些事件并回放它们，以使我们的理解和期望更接近这些事件。在优先经验延迟中，按下式为经验缓冲区中的每个事件 S 计算误差值：

$$\text{error} = |Q_1(s_t, a_t) - T(S)|$$
$$T(S) = r_{t+1} + \gamma Q_2(s_{t+1}, \arg\max_a Q_1(s_{t+1}, a))$$

然后，基于这个误差函数上的分布对事件进行采样。

8.2.3　竞争 DQN

到目前为止，我们已经看到大多数 Q-learning 集中于学习状态 - 动作表 $Q(s,a)$，该表衡量了在任何给定状态 s 下某个特定动作 a 的好坏。状态 - 动作表中的值是通过联合地学习 $Q(s,a)$ 以便优化给定状态的出现以及在该状态下采取的特定动作而确定的。从学习的角度来看，简单地学习某一给定状态下的有用性而不关心动作值可能更容易。将状态效用与动作值分离可能有助于对这些函数进行稳健的建模。这便是竞争 DQN（Dueling DQN）架构背后的核心思想。

竞争 DQN 将 Q-learning 函数分解为两个独立的函数：①值函数 $V(s)$ 和②优势函数 $A(a)$，如下式所示：

$$Q(s, a) = V(s) + A(a)$$

图 8-4 给出了竞争 DQN 的高级架构。如图 8-4 所示，CNN 模型的输出被送入到两个不同的流中，一个用于学习值函数，另一个用于学习优势函数。然后，这两个函数的输出在最后一层进行合并，以便学习网络的 Q 值。

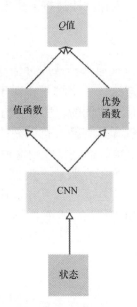

图 8-4　竞争 DQN 的高级架构

8.3　强化学习实现

本节将讨论如何实现一个简单的强化学习方法。为此，将使用 OpenAI 的开源工具包：gym 和 universe。gym 是一个用于开发和比较不同强化学习算法的软件框架。它支持 Atari、棋盘游戏以及经典控制任务等不同游戏环境。另一方面，universe 在 gym 的上层提供了一个具有客户端和服务器模块的封装器，通过封装器可以可视化一个强化学习系统的进度。要在 macbook 上安装这些工具包，可以执行以下操作：

```
pip install gym
brew install golang libjpeg-turbo
pip install universe
```

8.3.1　简单的强化学习示例

在本节中，将基于游戏 DuskDrive 实现一个简单的增强学习示例：
1）将使用 gym 游戏环境来实现这一目的，而 universe Docker 环境用于运行示例：

```
import gym
import universe

env = gym.make('flashgames.DuskDrive-v0')
env.configure(remotes=1)
```

2）一旦用于运行的环境配置完成，将其重置为随机开始状态，代码如下：

```
observations = env.reset()
```

一旦游戏被初始化到随机的开始状态，就需要不断地提供动作。由于 DuskDrive 是一款赛车游戏，一个简单的策略是使用**向上键**向前移动。

3）在无限循环中运行这个策略，如下所示：

```
while True:
    action = [[('KeyEvent', 'ArrowUp', True)] for obs in
        observations]
    observation, reward, done, info = env.step(action)
    env.render()
```

4）一旦游戏开始，就可以在屏幕上看到这个策略的实时效果，如图 8-5 所示。

图 8-5 举例说明了如何使用 **gym** 和 **universe** 模块为普通游戏执行简单的强化学习任务。

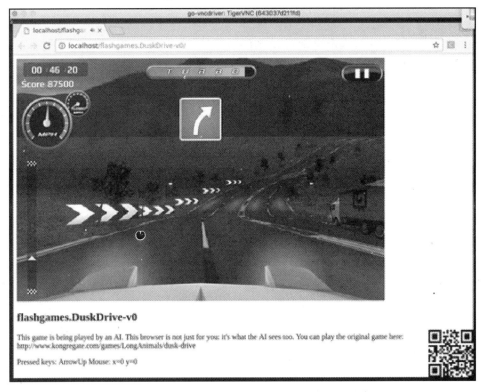

图 8-5 使用简单强化学习算法玩 DuskDrive 游戏

8.3.2 以 Q-learning 为例的强化学习

本节将使用基于 TensorFlow 的 Q-learning 算法来实现强化学习。考虑一款流行的游戏 FrozenLake，其在 OpenAI gym 包中具有内置环境。FrozenLake 游戏背后的想法很简单。它由 4 × 4 个网格块组成，其中每个块可以处于以下 4 种状态中的任一状态：

- **S**：起始状态 / 安全状态；
- **F**：表面冻结状态 / 安全状态；
- **H**：孔状态 / 不安全状态；
- **G**：目标状态 / 安全状态或终止状态。

在这 16 个单元格中的每个单元格中，可以使用 4 个动作（向上 / 向下 / 向左 / 向右）中的某一个，以便移动到相邻状态。游戏的目标是从状态 **S** 开始并结束于状态 **G**。我们将展示如何使用基于神经网络的 Q-learning 系统来学习从状态 **S** 到状态 **G** 的安全路径。首先，导入必要的软件包并定义游戏环境：

```
import gym
import numpy as np
import random
import tensorflow as tf

env = gym.make('FrozenLake-v0')
```

一旦定义了环境，就可以定义学习 Q 值的网络结构。使用具有 16 个隐藏神经元和 4 个输出神经元的单层神经网络，如下所示：

```
input_matrix = tf.placeholder(shape=[1, 16], dtype=tf.float32)
weight_matrix = tf.Variable(tf.random_uniform([16, 4], 0, 0.01))
Q_matrix = tf.matmul(input_matrix, weight_matrix)
prediction_matrix = tf.argmax(Q_matrix, 1)
nextQ = tf.placeholder(shape=[1, 4], dtype=tf.float32)
loss = tf.reduce_sum(tf.square(nextQ - Q_matrix))
train = tf.train.GradientDescentOptimizer(learning_rate=0.05)
model = train.minimize(loss)
init_op = tf.global_variables_initializer()
```

现在采用贪婪地方式选择动作：

```
ip_q = np.zeros(num_states)
ip_q[current_state] = 1
a,allQ = sess.run([prediction_matrix, Q_matrix],feed_dict={input_matrix:
    [ip_q]})
if np.random.rand(1) < sample_epsilon:
    a[0] = env.action_space.sample()
next_state, reward, done, info = env.step(a[0])
ip_q1 = np.zeros(num_states)
ip_q1[next_state] = 1
Q1 = sess.run(Q_matrix, feed_dict={input_matrix:[ip_q1]})
maxQ1 = np.max(Q1)
targetQ = allQ
targetQ[0, a[0]] = reward + y*maxQ1
```

```
_,W1 = sess.run([model, weight_matrix], feed_dict={input_matrix:
    [ip_q], nextQ:targetQ})
```

图 8-6 显示了程序执行时的示例输出。当智能体从一种状态转移到另一种状态时，可以看到不同的 Q 矩阵值。当智能体处于状态 **15** 时，也可以看到回报值为 **1**。

```
Next State = 4, Reward = 0.0, Q-Value = 0.549656867981
Next State = 4, Reward = 0.0, Q-Value = 0.558322191238
Next State = 4, Reward = 0.0, Q-Value = 0.561794042587
Next State = 4, Reward = 0.0, Q-Value = 0.605571866035
Next State = 10, Reward = 0.0, Q-Value = 0.527264535427
Next State = 0, Reward = 0.0, Q-Value = 0.58230805397
Next State = 9, Reward = 0.0, Q-Value = 0.662398397923
Next State = 6, Reward = 0.0, Q-Value = 0.342416584492
Next State = 12, Reward = 0.0, Q-Value = 0.00967993494123
Next State = 0, Reward = 0.0, Q-Value = 0.549962639809
Next State = 0, Reward = 0.0, Q-Value = 0.548377752304
Next State = 4, Reward = 0.0, Q-Value = 0.557400584221
Next State = 4, Reward = 0.0, Q-Value = 0.573505043983
Next State = 8, Reward = 0.0, Q-Value = 0.609502971172
Next State = 10, Reward = 0.0, Q-Value = 0.647010564804
Next State = 7, Reward = 0.0, Q-Value = 0.00918172858655
Next State = 0, Reward = 0.0, Q-Value = 0.567937016487
Next State = 4, Reward = 0.0, Q-Value = 0.596188902855
Next State = 8, Reward = 0.0, Q-Value = 0.615541934967
Next State = 0, Reward = 0.0, Q-Value = 0.555838167667
Next State = 4, Reward = 0.0, Q-Value = 0.554713010788
Next State = 0, Reward = 0.0, Q-Value = 0.30840498209
Next State = 6, Reward = 0.0, Q-Value = 0.373454988003
Next State = 0, Reward = 0.0, Q-Value = 0.520658791065
Next State = 13, Reward = 0.0, Q-Value = 0.777940273285
Next State = 15, Reward = 1.0, Q-Value = 0.00980058684945
Next State = 10, Reward = 0.0, Q-Value = 0.605933964252
Next State = 0, Reward = 0.0, Q-Value = 0.542133152485
Next State = 14, Reward = 0.0, Q-Value = 0.843689084053
Next State = 6, Reward = 0.0, Q-Value = 0.365039229393
```

图 8-6 采用 Q-learning 的强化学习示例

8.4 小结

本章介绍了强化学习的概念及其与传统监督学习技术的区别；描述了强化学习背后的核心思想，以及 Q-learning 和策略学习等基本模块，这些都是当今任何强化学习技术的特征；还以深度强化学习的形式给出了传统强化学习技术基于深度学习的改进；举例说明了深度强化学习的各种不同网络架构，并讨论了它们的相对优点；最后，简要叙述了几个应用于一些流行的基于计算机游戏的强化学习任务的核心实现。

下一章将介绍在实际应用中实现深度学习模型时使用的一些实用技巧和窍门。

第 9 章
深度学习的技巧

本章将介绍应用深度学习的许多实用技巧，如网络权值初始化的最佳实践、学习参数的调整、如何防止过拟合以及在面临数据挑战时如何准备数据以便更好地学习。

读者在自己开发深度学习模型的过程中将经历各种关键主题。

9.1 处理数据

对于不同的问题，成功应用深度学习的最低要求会有所不同。与基准数据集如 MNIST 或 CIFAR-10 不同，真实世界中的数据是凌乱并且不断变化的。然而，数据是每个基于机器学习应用的基础。有了较高质量的数据或特征，即使是相当简单的模型也可以提供更好更快的结果。对于深度学习，也适用类似的规则。本节将介绍一些可用来准备数据的常见良好做法。

9.1.1 数据清理

在开始训练之前，有必要进行一些数据清理，比如清除任何损坏的样本。具体而言，可以删除短文本、高度失真的图片、虚假的输出标签以及具有大量空值的特征等。

9.1.2 数据扩充

深度学习需要大量的训练数据以便有效地学习，但有时收集这些数据可能非常昂贵并且不现实。一种有效的方法是通过人为地增加带标签的训练集或保护变换进行数据扩充。通过增加样本量，也可以帮助克服过拟合问题：

- 经验法则——这种变换或操作必须经过精心设计、实现和测试。工作技术可以是特定领域的，并且可能不被普遍使用。
- 对于图像数据，一些简单的技术包括重新缩放、随机剪切、旋转、水平翻转、颜色抖动和添加噪声等。通过增加噪声，深度学习网络在训练期间会学会如何处理噪声信息。例如，对于图像数据，可以添加椒盐噪声。一些更先进和复杂的技术包括使用对比度拉伸、直方图均衡化和自适应直方图均衡化来增强图像。
- 为了方便使用，一些开源工具提供了数据扩充类：
  - Keras（ImageDataGenerator），https://keras.io/preprocessing/image/；
  - TensorFlow（TFLearn 的数据扩充），http://tflearn.org/ data_augmentation/；

- MXNet（Augmenter），https://mxnet.incubator.apache.org/api/python/image.html#mxnet.image.Augmenter。

9.1.3 数据归一化

另一个好的做法是对实值输入数据进行归一化。可以通过减去平均值并除以标准差来做到这一点：

```
>>> X -= np.mean(X, axis = 0) # 零中心
>>> X /= np.std(X, axis = 0) # 归一化
```

这里，X 是输入数据。数据归一化有效的原因是输入数据的每一维度可能有不同的取值范围，而我们在所有维度中使用相同的学习率。归一化数据避免了某些维度的过补偿或欠补偿问题。

9.2 训练技巧

本节将讨论一些可以帮助训练更好网络的技术，包括如何初始化权值、优化参数的技巧以及如何减少过拟合。

9.2.1 权值初始化

权值初始化涉及以下技术：
- 全零初始化；
- 随机初始化；
- ReLU 初始化；
- Xavier 初始化。

1. 全零初始化

首先，不要使用全零初始化。如果进行适当的数据归一化，预计大约一半的网络权值为正值，另一半为负值。然而，这并不意味着权值应该初始化为中间值零。假设所有的权值都是相同的（不管它们是否为零），这意味着反向传播会为网络的不同部分产生相同的结果。这对参数学习来说没有任何帮助。

2. 随机初始化

根据一定的分布（如正态分布或均匀分布）初始化网络，具有接近于零的非常小的权值（称为对**称性破坏**）。由于这种随机性，网络的不同部分将得到不同的更新，因此会增加权值的多样性。例如 $w \sim \sigma \cdot \mathcal{N}(0, 1)$，其中 $\mathcal{N}(0, 1)$ 是零均值和单位标准差的高斯分布，并且 σ 是一个形如 0.01 或 0.001 的很小的数值。或者 $w \sim \sigma \cdot u(-1, 1)$，其中 $u(-1, 1)$ 是在 −1~1 之间的均匀分布。与权值相关的潜在问题有两个：由于梯度与权值的大小成正比，因此非常小的权值可能导致梯度递减，从而导致梯度消失问题；另一个问题是，大的权值会导致信号在反向传播过程中放大得太多，从而导致更长的收敛时间。因此，设置合适的参数 σ

是很重要的。

一种常见的方法是使用输入节点的数量设置 σ，以使节点的方差不随输入数量的增加而增长。例如 $\sigma = 1/\sqrt{n_{in}}$，其中 n_{in} 是输入的数量（也称为 **fan-in**）。这是为了保持网络方差的统一性。注意，这里不考虑 ReLU 的情形。

例如，这种初始化方式可以在单行的 Python 代码中进行实现：

```
>>> w = np.random.randn(n_in) / sqrt(n_in)
```

3. ReLU 初始化

对于 ReLU，Kaiming He 等在他们的论文《Delving Deep into Rectifiers: Surpassing Human-Level Performance on ImageNet Classification》(https://arxiv.org/abs/ 1502.01852) 中为其设计了一个专门的初始化方式：$\sigma = \sqrt{2.0/n_{in}}$。

例如，这种初始化方式可以在单行的 Python 代码中实现：

```
>>> w = np.random.randn(n_in) * sqrt(2.0/n_in)
```

如何理解这一点呢？直观地讲，校正线性单元对于其一半的输入取值都为零，所以需要将权值方差的大小增加一倍以保持信号的方差不变。

4. Xavier 初始化

Xavier Glorot 和 Yoshua Bengio 在他们的论文《Understanding the difficulty of training deep feedforward neural networks》(http://proceedings.mlr.press/v9/glorot10a/glorot10a.pdf) 中提出了另一种名为 **Xavier** 的初始化方法。他们的主要目标是防止梯度消失和权值过大问题 (因为梯度与权值的大小成正比)。换句话说，Xavier 初始化试图同时解决以下两个问题：

- 如果网络中的权值在开始训练时太小，那么信号在通过每个网络层时会缩小，直到它太小而无法使用。
- 如果网络中的权值在开始训练时太大，那么信号在通过每个网络层时会放大，直到它太大而无法使用。

Glorot 和 Bengio 提出了一个更合适的标准差值 $\sigma = \sqrt{2/(n_{in}+n_{out})}$，其中 n_{in} 是输入的数量 (fan-in)，n_{out} 是输出的数量，也称为 **fan-out**。

总体而言，表 9-1 总结了初始化方法。

表 9-1　权值初始化方法

类别	用于方差的公式	说明
基本的初始化器	$1/n_{in}$	
He 初始化器	$2/n_{in}$	用于 ReLU
Xavier (或 Glorot) 初始化器	$2/(n_{in}+n_{out})$	

9.2.2　优化

优化是学习的关键部分。可以使用优化来最小化目标函数（误差函数）以便学习正确的网络权值和结构。

尽管已经开发出许多先进的优化算法，但最常见的优化方法仍然是**随机梯度下降**（**SGD**）及其变体，例如基于冲量的方法 AdaGrad、Adam 和 RMSProp。这一节将主要讨论 SGD。与通过计算所有训练样本更新一次参数的传统梯度下降方法不同，SGD 仅使用一个或几个训练样例更新和计算参数的梯度。通常建议在每个步骤针对多个训练样本（称为**小批量**）计算梯度，这通常更稳定。

1. 学习率

学习率是快速收敛的关键。学习率决定了在每个迭代模型参数中应按**损失函数的梯度**的多少比例进行更新：

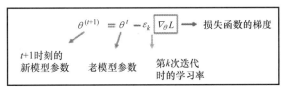

选择合适的学习率是很困难的。学习率太小会导致训练和收敛的速度非常慢，而过大的学习率则会导致过冲和反弹，并引起损失函数在最小值附近波动甚至发散。

有几种设置学习率的方法：

- **常数**：在所有的 epoch 中学习率保持不变。
- **逐步衰减**：学习率每隔 t 个 epoch 衰减一次。
- **逆衰减**：学习率按时间的倒数进行衰减：$\eta_t = \eta_0/(1+\sigma t)$。
- **指数衰减**：学习率按自然指数函数进行衰减：$\eta_t = \eta_0 e^{-\sigma t}$。

通常情况下，逐步衰减是首选，因为它是最简单、最直观的，并且在实践中运行良好。另外，只需要设置一个额外的超参数 t（如 $t = 2$，10）。

在实践中，可以尝试使用一组将学习率设置为对数间隔值的较小数据如 10^{-1}、10^{-2} 和 10^{-3} 等。然后，将学习率缩小到具有最小误差的那个，并将其作为起点。或者，将学习率设定为 0.01 可能是一个安全的选择。在学习过程中，每隔 t 个 epoch（例如 $t=10$）降低学习率一次。记住，适当的学习率在很大程度上取决于数据和问题。

除了前面提到的仍然需要一些人工决策的传统方法之外，幸运的是还有许多新开发的方法，如基于冲量的方法，其基于误差函数的曲率来改变学习率。此外，还有大量有关 SGD 变体的研究。这些变体具有自适应的学习率，不需要进行手动设置，例如 AdaGrad、Adam（推荐）和 RMSProp。

那么，在实践中应该使用哪种优化器呢？当然是帮助我们的模型正确学习并快速收敛的那个。一个好的做法是从逐步衰减学习率开始。对于自适应学习率，Adam 在实践中通常运行良好并优于其他自适应技术。如果输入的数据是稀疏的，则 SGD 和基于冲量的方法的性能可能会很差。因此，对于稀疏数据集，应使用自适应学习率方法。

2. 小批量

注意，在 SGD 中经常采用小批量（Mini-batch）样本进行权值更新，小批量样本的数量通常在 32/64~256 之间。SGD 不同于批量梯度下降，批量梯度下降计算的是整个训练数据的梯度。SGD 需要较少的内存，并且不太容易降落在一个非常糟糕的地方（鞍点），因为小样本集携带的噪声有助于避免局部最小值。纯正的 SGD 通过在数据集的单个样本上计算的梯度进行参数更新，其在整个数据集上的循环是通过每次处理一个样本进行的。与纯正的 SGD 相比，基于小批量的 SGD 更稳定且效率更高（收敛速度相对较快）。

3. 梯度剪切

在非常深的网络如循环网络(也可能是递归网络)中，梯度会很快变得非常小或非常大，并且梯度下降的局部性假设不再成立。Mikolov 首先提出的解决方案是将梯度剪切到最大值，这在 RNN 中起了很大的作用。

9.2.3 损失函数选择

损失函数用于度量预测值（$\hat{y}$）与实际标签（y）之间的不一致性并指导训练过程。基本上，损失函数决定了网络如何进行学习。

1. 多类分类

对于分类问题（每个样本只包含或仅涉及一个类），广泛使用的损失函数是均方误差（MES 或 L2 损失）和交叉熵损失。此外，softmax 通常用于最后一层，并且当类的数量非常大时，可以选择层次 softmax。铰链损失和平方铰链损失也适用于分类问题。值得注意的是，应该记住 softmax 作为一个压缩函数将概率（和为 1）分别指派给每一个类，因此一个类的输出值或输出概率并不独立于其他类的概率。

2. 多标签多类分类

对于多标签多类分类问题，即每个样本可以有多个类别标签，神经网络模型的输出层通常采用 sigmoid 函数（不使用 softmax）。由于每个类别的概率独立于其他类别概率，为此可以对每个类别概率使用阈值，因此一个样本可以获得多个标签。对于多标签多类分类，交叉熵损失仍然是最常用的损失函数，但与多类分类情形相比，其公式稍有不同。在 TensorFlow 中，可以选择 sigmoid_cross_entropy_with_logits⊖ 作为损失函数。

3. 回归

对于回归问题，经常使用的损失函数是传统的欧氏损失和 L1 损失。

4. 其他

对于不同的问题，为了更好地确定估计值与真实值之间的差异（请注意，真实值可能不仅仅是一个类标签。例如，在检测问题中就是如此），目标函数可以是不同的。例如，对于目标检测问题，有一个名为焦损失（focal loss）的损失函数，它为标准的交叉熵准则增加了一个因子，以帮助将学习侧重在稀疏的难例子集上，并防止大量简单的反例在训练过程中淹没检测器。

⊖ https://www.tensorflow.org/api_docs/python/tf/nn/sigmoid_cross_entropy_with_logits.

9.2.4　防止过拟合

为了防止过拟合，最简单的方法是执行以下操作：

- 通过降低单元数、网络层的数量和其他参数的数量来减少模型的大小；
- 添加权值范数上的一个正则化项 (L1 或 L2) 到损失函数。

此外，在下面的几节中，还有一些其他的技术可以在训练中使用。

1. 批处理归一化

批处理归一化是防止过拟合的常用技术之一，它对网络层进行归一化并允许训练归一化后的权值。在训练过程中，每一层输入的分布会随着前一层参数的变化而变化。这是因为要求较低的学习率和仔细的参数初始化而降低了训练速度（记住本章权值初始化部分中的讨论）。批处理归一化通过对每个小批量的输入进行归一化解决了这个问题（即内部协变量偏移）。这使得我们可以使用更高的学习率，并且不用太在意初始化。批处理归一化也可以看作是一个正则化器，在某些情况下可以避免使用 Dropout。批处理归一化可以应用于网络中的任何层，并且通常被认为是非常有效的，即使在生成对抗网络 (如 CycleGAN) 中使用也是如此。

2. Dropout

Dropout 是通过在训练期间从指定的网络层中按照概率随机地移除神经元，或放弃某个连接来实现的。在训练时，根据 $p = 0.5$ 的伯努利分布对神经元进行随机采样（注意，在测试时会使用所有神经元，但权值减半）。这有助于减少神经元之间的协适应性（一个特征在特定的其他特征存在时才是有用的）。每个神经元都变得更加鲁棒，并且训练速度会显著提高。图 9-1 展示了引入 Dropout 后两个 epoch 时的网络结构。从图中可以看出，基本上，通过 Dropout 可以在每个epoch 形成不同的网络架构，并且可以将此过程视为 bagging 模型的一种形式。

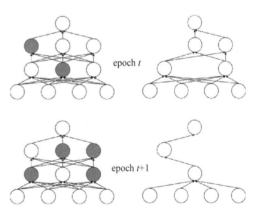

图 9-1　Dropout 示例

3. 早停法

早停法 (Early Stopping) 是指通过监视单独验证集上的性能来训练网络，并在验证错误开始增加或没有足够改善时停止训练。这被 Hinton 教授称为 "美丽的免费午餐"。

4. 微调

迁移学习是一种技术，在该技术中可以利用预训练好的神经网络（该神经网络在与当前问题的数据类似但更全面的数据上进行训练）对模型的某些部分进行微调（Fine-tuning），以便最好地求解相似领域中的当前问题。有关微调的更多细节，请参考 9.25 节。

9.2.5 微调

在许多常见的实际应用中，数据是有限的。在小数据集上训练像 ConvNet 这样具有数百万个参数的深度神经网络会导致过拟合。为了避免这一问题，通常的做法是利用现有的深层神经网络（该网络是在一个大得多的数据集上进行训练的，如具有 120 万张带标签图片的 ImageNet 数据集），并在手头的较小数据集（该数据集与训练深度神经网络的大数据集并没有显著的不同）上对其进行微调；也就是说，使用这个新的较小的数据集继续训练现有网络。正如之前已经讨论过的，深度学习网络的优点之一是其前几层通常代表从数据中挖掘出来的更一般模式。微调本质上利用了从大量数据中学习到的常识，并将其应用于特定的领域或应用。例如，ConvNet 中的前几层可以捕捉到诸如曲线和边缘等通用特征，而这些特征对大多数图像相关的问题都很重要。

1. 何时使用微调

在考虑是否使用微调时，有两个主要的决定因素：新数据集的大小以及与原始数据集的相似性。以下是可以使用微调的两种情况：

- 当新数据与用于训练现有模型的数据相似，并且新数据集很小时。
- 当新数据集与预训练模型使用的数据完全不同时，但如果新数据集具有足够的样本，即使对于具有大量网络层的模型，也可以对其进行微调，但必须采用较小的学习率。

2. 何时不使用微调

在有些情况下，可能需要使用其他技术而不是微调：

- 当新的数据与训练现有模型所用的数据大不相同时。在这种情况下，如果有足够的数据量，从头开始对模型进行训练可能是一个更好的解决方案。
- 当新数据集非常小时，比如小于 2000 个样本。在这种情况下，继续使用如此小的数据集进行训练可能仍然会导致过拟合。但是，可以使用现有网络作为特征学习器以便从早期的网络层中提取特征，并将其输入到传统的机器学习模型，如支持向量机。例如，可以将 ConvNet 中全连接层之前的中间层的输出作为特征，训练线性支持向量机用于分类。

3. 技巧和技术

以下是微调的一些一般准则：

- 替换最后的全连接层。微调的常见做法是将最后一个或两个全连接层 (softmax) 替换为专用于你自己问题的新网络层结构 (softmax)。例如，在 AlexNet 和 ConvNet 中，输出具有 1000 个类别。可以用所需的类别数量对具有 1000 个节点的最后一个网络层进行替换。
- 使用较小的学习率。因为网络的大多数参数都已经被训练，我们假设这些层包含来自数据的有用和通用的模式信息，所以我们的目标不是对这些层进行过度调整，而是对新的最后几层进行训练以便使其适应我们自己的问题。因此，应该采用较小的训练速率，以便干扰不太大或太快。一个好的做法是将初始学习率设置为从头开始训练时所采用学习率的 1/10。可以对这个参数进行测试以获得最佳结果。

- 正如之前提到的，我们期望现有的网络（特别是前几层）包含有用和通用的特征。因此，有时可以冻结预训练网络前几层的权值以保持其完好无损。这也有助于避免在微调期间出现过拟合。

4. 预训练模型列表

表 9-2 列出了一些在线资源，可以从中找到使用 Caffe 和 TensorFlow 等框架的现有模型。可以通过 GitHub 和 Google 找到许多最先进模型或适合你自己问题的模型。

表 9-2　在线的预训练模型资源

平台	现有流行模型的集合	链接地址
Caffe	Model Zoo：一个第三方贡献者分享预训练 Caffe 模型的平台	https://github.com/BVLC/caffe/wiki/Model-Zoo
TensorFlow	TensorFlow 模型集包含许多在 TensorFlow 中实现的不同模型，这些模型分为官方发布的模型和研究者发布的模型。研究者发布的模型部分包含许多在图像分类、目标检测和 im2txt 等不同领域训练的模型 Caffe-tensorflow：将 Caffe 模型转换为 TensorFlow	https://github.com/tensorflow/models 和 https://github.com/ethereon/caffe-tensorflow
Torch	LoadCaffe 是一个将现有的 Caffe 模型移植到 Torch7 的工具 OverFeat-Torch：加载存在的 OverFeat 模型（来自纽约大学的卷积网）	https://github.com/szagoruyko/loadcaffe 和 https://github.com/jhjin/overfeat-torch
Keras	Keras 包含一些最流行、最先进的卷积网模型，如 VGG16/19、Xception、ResNet50 和 InceptionV3	https://keras.io/applications/
MxNet	**mxnet Model Gallery** 维护预训练的 Inception-BN(V2) 和 InceptionV3	https://github.com/dmlc/mxnet-model-gallery

9.3　模型压缩

深度学习网络以其深而复杂的结构、参数数以百万计、模型规模大而著称。但是，对于这个移动时代，即使硬件和 CPU / GPU 能力有了快速提升，一切仍需要轻松、快捷。客户期望高级应用随时随地发生，并且在设备上没有任何个人信息被上传到某些服务器或云。

深度学习最重要的特征不幸地成为快速在线移动应用的障碍。有很多实时应用、移动应用和可穿戴应用都在推动便携式深度学习（即具有内存、CPU、能量和带宽等有限资源的高级系统）的发展。

深度压缩显著地降低了神经网络所需的计算和存储。压缩的目标和好处通常包括以下几个方面：

- 较小的模型大小：通过 30~50 倍的模型大小压缩以适应移动应用的需求；
- 精度：无精度损失或可接受的精度损失；
- 加速：更快的推理或实时；
- 离线：不依赖网络连接，保护用户隐私；
- 低功耗：节能。

通常有两类模型压缩方法：一种方法是巧妙地设计一个更简洁但性能相似的网络，例如迁移/紧凑卷积核和知识萃取（Knowledge Distillation）；另一种方法是压缩模型，即处理现有的深度学习模型，通过裁剪对最终结果不太重要的不必要部分（神经元或连接）或应用消除信息参数的变换（如低秩分解）来对它们进行压缩。

Yu Cheng 等在他们的新综述论文《A Survey of Model Compression and Acceleration for Deep Neural Networks（2017）》中总结了不同的模型压缩方法，如表 9-3 所示。

表 9-3 不同的模型压缩方法

方法类别	方法描述	应用对象	详细说明
参数裁剪和共享	减少那些对模型性能不敏感的冗余参数	卷积层和全连接层	对各种设置都有很好的鲁棒性，可以达到良好的性能，既支持从头开始的训练，又支持预训练模型
低秩分解	采用矩阵/张量分解来估计信息参数	卷积层和全连接层	标准化流水线，易于实现，既支持从头开始的训练，又支持预训练模型
迁移/紧凑卷积核	设计特殊结构的卷积核来节省参数	仅适用于卷积层	算法依赖于应用，通常能取得良好性能，只支持从头开始的训练
知识萃取	通过萃取大模型的知识来训练紧凑神经网络	卷积层和全连接层	模型性能对应用和网络结构敏感，只支持从头开始的训练

当前已经取得了一些很好的压缩结果。例如，在 Li 等的论文《pruning filters for efficient convnets》中，作者能够将 VGG-16 的推理时间减少 34%，并将 ResNet-110 的推理时间减少 38%。在 Han 等的论文《Deep Compression: Compressing Deep Neural Networks with Pruning, Trained Quantization and Huffman Coding（2016）》中，作者能够将 AlexNet（6 000 万个参数）在 ImageNet 数据集上所需的存储空间降低 35 倍，即从 240MB 减小到 6.9MB，并且不会降低精度。对于 VGG-16 模型（1.3 亿个参数），他们的方法能够将模型大小从 552MB 减少到 11.3MB，模型大小降低了 49 倍，同时又不会降低精度。这允许将模型载入到片上 SRAM（静态随机存储器）高速缓存中，而不是在片外的 **DRAM（动态随机存储器）**中。这篇论文获得了 ICLR 2016 最佳论文奖。该方法包括三个部分：裁剪、量化和哈夫曼编码。裁剪减少了 10 倍的权值，而量化进一步提高了压缩率：在 27~31 倍之间。哈夫曼编码提供了更多的压缩：在 35~49 倍之间。该压缩率已经包含了用于稀疏表示的元数据。哈夫曼编码压缩方案不会导致任何精度损失。图 9-2 显示了压缩的三个阶段。

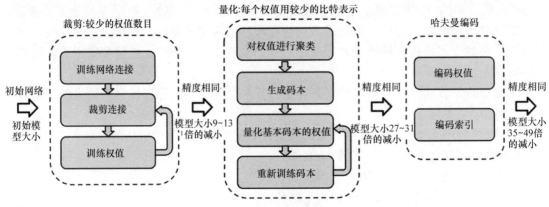

图 9-2 模型压缩流水线的三个阶段：裁剪、量化和哈夫曼编码

第一步是网络裁剪，在这一步中，小于一定阈值的具有小权值的连接将从网络中删除。由于这种删除，网络的性能可能会受到影响。因此，裁剪后的网络将被重新训练，以在新的稀疏设置中学习最终权值。

第二步是权值量化和共享。流程如图 9-3 所示。

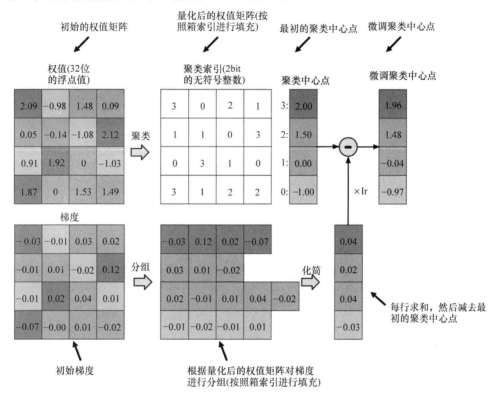

图 9-3　权值量化和共享示例说明

假设网络层具有 4 个输入和 4 个输出，权值矩阵的大小为 4×4（见图 9-3 的左上图）。首先，将该权值矩阵中的元素分组或聚类到具有箱索引 0~3 的 4 个中心点（用不同的深浅度表示），4 个中心点的值依次为（−1.00，0.00，1.50 和 2.00）。然后，可以通过它们的箱索引来量化权值矩阵。在训练期间，为了更新当前的网络权值，梯度按照标记的权值箱索引或颜色进行分组。落入同一箱内的梯度首先进行求和，然后把求和后的结果作为中心点的微调值。微调后的中心点值是通过初始的中心点值减去微调值获得的。来自同一个网络层的权值如果属于同一个聚类将共享相同的权值。不同网络层中的权值不进行共享。

第三步，将哈夫曼编码应用于权重值，节省了 20%~30% 的网络存储空间。

与其他深度学习领域相比，深度压缩仍然非常年轻。但是它非常重要，因为现在的世界已离不开手机的应用。对于应该使用哪种方法进行压缩，下面给出了一些实用的建议：

- 裁剪和共享可以提供合理的压缩率和较少的性能损失，结果也更稳定。
- 裁剪、共享或低秩分解方法都需要预训练的模型。
- 如果从头开始进行训练，可以应用迁移的紧凑型卷积核（仅适用于 Conv 层）和萃取类型的方法，或者可以尝试由 Han 等在其论文《DSD: Dense-Sparse-Dense Training for Deep Neural Networks（2017》中提出的 Dense-Sparse-Dense(DSD) 方法。

• 不同的压缩方法可以联合使用，这意味着可以组合两种或更多种技术来最大化压缩率或推理速度。

• 记住，在裁剪或其他类型的变换之后，为了保持性能有时必须进行重新训练。

Yu Cheng 等的综述论文《A Survey of Model Compression and Acceleration for Deep Neural Networks（2017）》中还有其他一些很好的建议。

有兴趣的读者可以进行一些更深入地研究。

9.4　小结

本章讨论了一些重要的技巧和窍门，它们可用于为深度学习准备数据、优化或训练以及利用现有的预训练模型。在实践中，可能会遇到无法通过这些通用 / 标准技术直接解决的复杂情况。然而，经验法则是，应该始终尝试从更好地理解数据和问题开始，同时深入学习过程（例如，使用一些可视化工具）来了解信息是如何被网络处理和学习的。在调试模型和改进结果时，这样的理解将非常有价值。

下一章将探讨深度学习的各种发展趋势。

第 10 章
深度学习的发展趋势

到目前为止，本书已经介绍了很多深度学习的内容。本章将总结一些即将到来的深度学习想法。具体来说，本章将回答以下问题：

- 新开发的算法有哪些未来趋势？
- 深度学习的新应用有哪些？

10.1 深度学习的最新模型

最近提出的一些深度学习技术将深度学习的核心思想扩展到新的应用和学习场景。本节将介绍最近特别受到关注的两个此类模型。

10.1.1 生成对抗网络

近年来，使用深度学习技术的一个主流机器学习领域是生成学习。生成学习可以定义为从特征和标签中学习联合概率估计 $P(x,y)$ 的技术。它建立了标签的概率模型，并且对缺失数据和噪声数据具有鲁棒性。此外，这些模型也可以用来生成样本，而生成的样本可以进一步用于训练高级机器学习模型。另一方面，判别模型学习的是将数据 x 映射为标签 y 的函数，从而学习 $P(y|x)$ 的条件概率分布。尽管近年来，判别模型在机器学习任务中展示出了良好效果，但生成模型与判别模型相比有其自身的优势。这种对生成模型的兴趣大部分可以追溯到它们理解和解释无标签数据的潜在结构的能力。

生成对抗网络 (Generative Adversarial Network,GAN) 是一种尝试将生成学习和判别学习的思想结合起来的新思想。GAN 背后的核心思想是有两个对抗或竞争模型。第一个模型是生成器，试图根据固有的概率分布生成逼真的数据样本。通常，这是通过在数据样本的隐空间中添加一些噪声来完成的。第二个模型是判别器，它接收来自生成器的生成样本以及来自训练数据集的真实样本，并被要求区分这两个来源。判别器的结果反馈给生成器，后者对其数据生成方案进行微调，以便更好地拟合训练数据集中的真实图像。

这两个对抗网络进行连续的竞争博弈，其中生成器学习产生越来越逼真的数据样本，而判别器能够从生成数据中更好地识别真实数据。最终，一旦训练收敛，生成的样本与真实数据就变得无法区分。图 10-1 给出的 GAN 框架更详细地说明了这一概念。

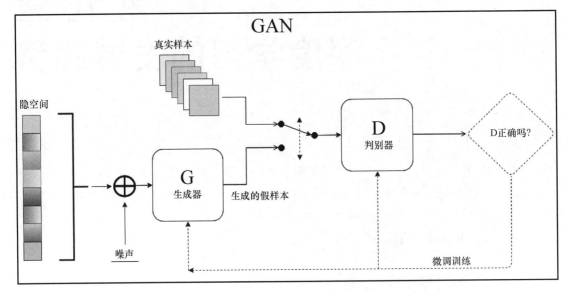

图 10-1　GAN 框架

（图片来源：https://www.linkedin.com/pulse/gans-one-hottest-topics-machine-learning-al-gharakhanian/）

10.1.2　Capsule 网络

　　Capsule 网络是深度学习领域的一个最新进展。它旨在解决**卷积神经网络**（CNN）存在的的局限性。CNN 在学习图像特征方面已经展现了非凡能力，其学习的特征不随方向和空间的变化而改变。然而，对象在 CNN 中的核心表示就是这种不变特征的无序池化。CNN 不了解这些特征之间的相对空间关系。例如，只要面部特征存在于图像中，训练识别人脸的 CNN 仍然会把合成的无序人脸图像（如鼻子和眼睛在错误位置的面部特征）检测为人脸。这是因为所有经过训练的 CNN 滤波器对于在正常人脸中发现的大部分面部特征都会产生强烈的激活。如果更深入地观察跨层的滤波器交互，能够知道 CNN 有效地池化了前一层的激活，以便减少到下一层的输入数据大小。这通常通过最大池化操作来完成。由于 max 函数不保留顺序，只产生集合的最大值，因此前面层中滤波器操作的相对空间顺序将丢失。

　　Capsule 网络背后的关键思想是通过使用计算机图形学的思想来解决这种池化的局限性。在计算机图形学中，有一种称为**渲染映射**的技术，将物理对象的内部表示转换为真实世界的图像。物理对象的这种内部表示是一种考虑了对象的相对位置的层次表示。这也被称为姿态，其只是对象的平移和旋转参数的组合。Capsule 网络的核心思想是保持对象部件之间的层次姿态关系。这种方法的另一个优点是它需要最少的训练数据来学习类似人的模型。这是对需要大量训练数据才能实现最佳性能的现有模型（如 CNN）的巨大改进。目前，Capsule 网络的训练速度慢于现代深度学习技术。然而，更多的创新能否在未来几年加速 Capsule 网络的训练，还有待观察。

10.2 深度学习的新应用

到目前为止，本书已经介绍了深度学习在文本挖掘、计算机视觉和多模态学习领域的许多应用。然而，深度学习所具有的学习强大通用的数据表示的能力，导致了最近涌现出许多新应用领域。这些应用领域包括医疗保健、软件工程和计算机系统组织。本节将介绍深度学习在这些领域的一些有趣新应用。

10.2.1 基因组学

深度学习的一个有趣应用领域是基因组学（Genomics）。在基因组学中，高级的 CNN 模型用于从大型和高维 DNA 数据集中学习结构。这个领域最早的一个应用是使用人工设计的特征和全连接前馈神经网络来预测外显子的剪接活动。最近，以开源实现的形式提出了一种名为 Basset⊖ 的新技术，该技术可以预测 164 种细胞类型的基因可及性（脱氧核糖核酸酶的超敏性）。为了预测可及性，Basset 使用了一个深度 CNN。为了将基因可及性预测问题转化为基于 ConvNet 的分类问题，Basset 首先将输入的基因序列编码为一个 one-hot 编码序列，如图 10-2 所示。这通常通过将输入的基因序列转化为具有四行（DNA 链 ACGT 中的每个核苷酸碱基对应一行，分别代表腺嘌呤、胞嘧啶、鸟嘌呤和胸腺嘧啶）的 one-hot 序列矩阵来实现。这种表示与具有矩阵表示的输入图像很类似。该 one-hot 编码序列被输入到第一个卷积层，其使用一组预定义位置和加权矩阵（滤波器）对 one-hot 编码序列进行卷积以生成滤波器响应。这个响应接着被送入到校正线性单元，随后执行最大池化操作。该过程在随后的卷积层上重复进行。最后，两个全连接层将这些卷积输出映射到一个 164 维的概率分布，该概率分布指示了所讨论的所有 164 种细胞类型的基因可及性的似然性。图 10-2 给出的 Basset 基因可及性预测工作流程详细地说明了这一过程。

使用 CNN 进行基因可及性预测的另一个优点是，可以将学习的滤波器可视化，并将它们与众所周知的序列 motif 相关联。图 10-3 展示了两个这样的例子。左边的第一个 motif 是重要的 CTCF 基因 motif，它是由 CNN 使用 12 个滤波器通过学习得出的。图 10-3 展示了其中的一些滤波器，并给出了学习的滤波器与已知 motif 的比对结果。对于基因 **NR1H2** 也进行了类似的学习，其中 CNN 模型学习了两组不同的滤波器，它们分别代表已知 **NR1H2** motif 的两个不同区域。

图 10-4 给出了 Basset 的详细网络架构，该架构包括三个卷积层，卷积层的后面跟着两个具有 Dropout 正则化的全连接层。

⊖ Basset: Learning the regulatory code of the accessible genome with deep convolutional neural networks (http://genome.cshlp.org/content/early/2016/05/03/gr.200535.115.abstract).

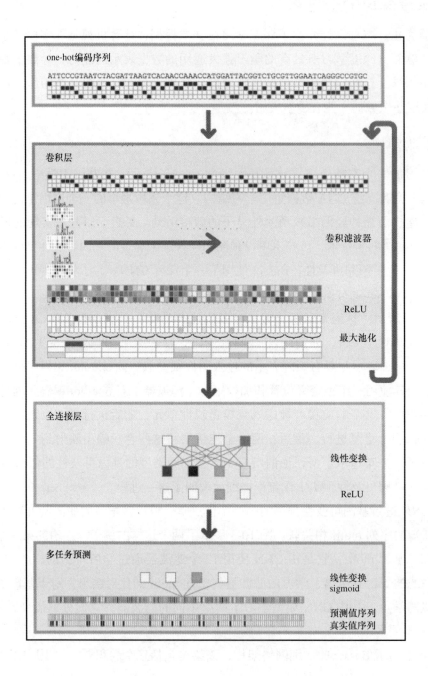

图 10-2　Basset 基因可及性预测的工作流程

（图片来源：http://genome.cshlp.org/content/early/2016/05/03/gr.200535.115.full.pdf+html）

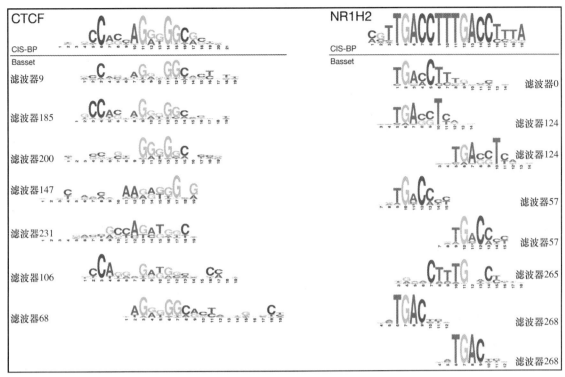

图 10-3　　CNN 中学习的 motif 与 CIS-BP motif 的比对结果

（图片来源：http://genome.cshlp.org/content/early/2016/05/03/gr.200535.115.full.pdf+html）

10.2.2　医疗预测

深度学习其他的一个有趣应用是医疗预测（Predictive Medicine），其目标是对患者疾病与具有长时间依赖性的诊断过程进行建模。DeepCare[⊖]是最近提出的试图解决该问题的深度动态神经网络。它使用电子病历中的信息创建患者病史图，从患者目前的住院情况推断当前疾病状态，并预测未来的医疗结果。DeepCare 是在**长短时记忆（LSTM）网络**的基础上进行构建的，通过稍作修改以捕捉不规则的住院时间和干预。图 10-5 说明了 DeepCare 的作用。对于任何给定的入院时间 t，患者接受诊断和医疗程序。来自这两个领域的信息本质上是类别型的，需要转换到连续的特征空间。DeepCare 使用常见的词嵌入模型将诊断特征和医疗特征转换为实值特征向量。该特征向量被输入到 LSTM 网络，以便进一步建模。

图 10-6 详细地描述了 DeepCare 的网络架构。如图所示，底层接收经过变换的特征向量，其通过 LSTM 网络来计算相应的潜在疾病状态序列 h_0，h_1，$\cdots$，h_n。为了考虑住院时间的不同，在疾病状态上应用了多尺度加权池化，以产生级联的隐疾病空间表示。最后，将这种隐疾病表示输入到输出分类器，以便最终对医疗干预进行分类。

⊖ DeepCare: A Deep Dynamic Memory Model for Predictive Medicine（https://arxiv.org/pdf/1602.00357.pdf）.

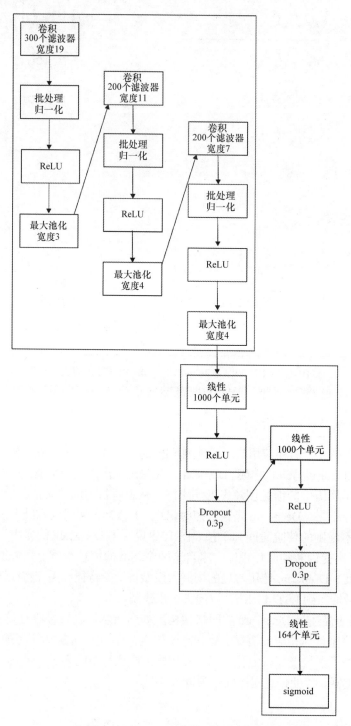

图 10-4　Basset 的深度 CNN 架构

（图片来源：http://genome.cshlp.org/content/early/2016/05/03/gr.200535.115.full.pdf+html）

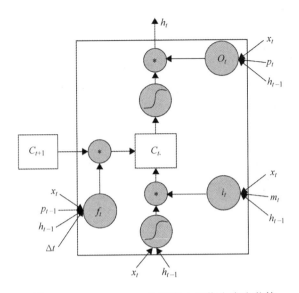

图 10-5　DeepCare：住院嵌入和作为病史载体
的更改后 LSTM 网络

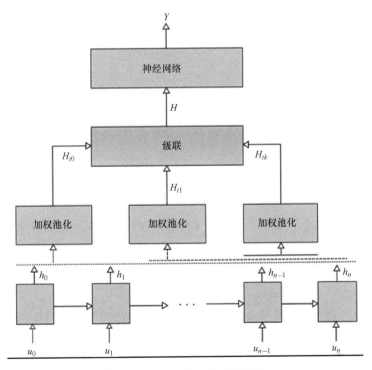

图 10-6　DeepCare 的网络架构

10.2.3　临床影像学

随着深度学习模型在计算机视觉领域的成功，深度学习在临床数据中的最早应用之一就是临床影像学（Clinical Imaging）。更具体地说，利用脑磁共振成像扫描的分析预测阿尔茨海默病的发病受到了广泛的关注。CNN 已成为执行这些任务的主流方式。

最近，Payan 等[○]提出了用于预测阿尔茨海默病的一项 3D CNN 神经影像学研究。该工作不同于以前的工作，因为它使用了两种深度学习模型（即稀疏的自动编码器和 3D 卷积网络）来实现其目标。图 10-7 给出了这种深度学习模型的架构。如图所示，输入**核磁共振扫描**首先通过一个**稀疏自动编码器**来学习高维输入扫描的低维嵌入。这种低维嵌入被用来初始化 3D 卷积网络不同层上的滤波器。在对网络进行预训练之后，利用最初的扫描作为原始输入来对卷积网络进行简单微调。卷积网络的输出被映射到一个具有三个节点的输出层。输出层的三个节点代表疾病的三个阶段，即**阿尔茨海默病 (AD)**、**轻度认知障碍 (MCI)** 和**健康认知 (HC)**。

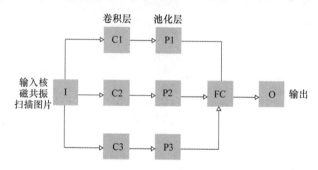

图 10-7　预测阿尔茨海默病的深度学习网络

10.2.4　唇语

深度学习的另一个有趣应用是实际场景下的句子级唇语识别（Lip Reading）。Chung 等[○]在他们最近的工作中提出了一种可以在有音频或没有音频的情况下通过说话的脸部识别口语的方法。该模型背后的核心思想是 Watch-Listen-Attend-Spell 网络。该网络将每个输出字符 y_i 作为所有先前字符 $y_{<i}$、输入的唇部图像视觉序列 x^v 和输入的音频序列 x^a 的条件分布进行建模，具体公式如下：

$$P(y|x^v, x^a) = \prod_i P(y_i | y_{<i}, x^v, x^a)$$

图 10-8 给出了 Chung 等提出的模型，其由以下三个部分组成：

- **Watch 网络**：该模块获取输入的唇图像并把其传入到 CNN，然后将 CNN 的输出传递给基于 LSTM 的循环网络。
- **Listen 网络**：该网络是一个 LSTM 编码器，它从原始音频中获取特征。在该网络中，使用了 13 维的**熔频倒谱系数 (Mel-Frequency Cepstral Coefficient，MFCC)** 特征。
- **Spell 网络**：该网络基于 LSTM 传感器，增加了双注意力机制。在每个时间步，这个网络产生一个字符以及两个注意力向量。这些注意力向量对应于 Watch 网络和 Listen 网络的输出状态，用于从它们中选择适当的图像和音频样本。

○ https：//arxiv.org/pdf/1502.02506.pdf.

○ https://arxiv.org/pdf/1611.05358v1.pdf.

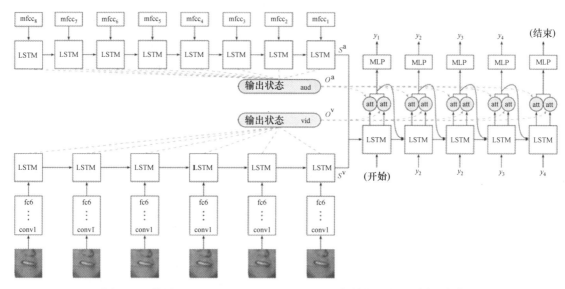

图 10-8　使用 Watch、Listen、Attend 和 Spell 架构的唇语识别应用框架

10.2.5　视觉推理

批判性推理（Critical Reasoning）常常被认为是**人工智能**最难解决的问题之一。视觉推理（Visual Reasoning）是一种特殊的批判性推理任务，其目的是用图像回答问题。图 10-9 展示了视觉推理问题的一个示例。给定初始图像，可以提出两种问题：

- **非关系问题**：这些问题是针对图像中的一个特定对象；
- **关系问题**：这些问题需要了解图像中的多个对象，以及它们在图像中的关系。

初始图像

非关系问题

What is the size of
the brown sphere?

关系问题

Are there any rubber
things that have the
same size as the yellow
metallic cylinder?

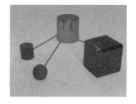

图 10-9　视觉推理问题示例
（图片来源：https://arxiv.org/pdf/1706.01427.pdf）

Santoro 等[⊖] 最近提出了一个**关系网络（Relation Network，RN）**，其试图解决前面描述的视觉推理问题。该网络使用多个深度学习模型来执行其任务。如图 10-10 所示，推理网

　⊖ https://arxiv.org/pdf/1706.01427.pdf.

络将问题和图像对作为输入，以产生文本响应。一方面，输入问题被送入 LSTM 网络，该网络用来计算问题向量的嵌入。另一方面，输入图像被送入到一个 4 层的 CNN，目的是用来计算表征图像的多个特征映射。首先，对特征映射按坐标方式进行切分，可以产生一组对象。对于这些对象，生成它们的所有成对组合，并与问题向量结合以生成三元组。然后，这些三元组作为输入被送入到多层感知器。最后，将感知器的输出相加，得到的结果进一步送入到另一个 softmax 分类器，以生成所有候选答案的概率分布。

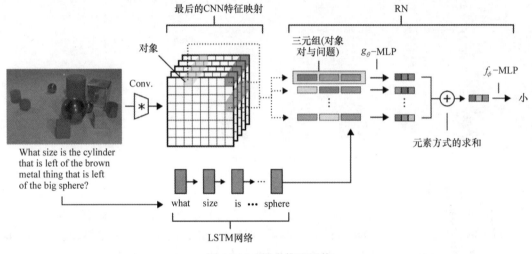

图 10-10　视觉推理网络

（图片来源：https://arxiv.org/pdf/1706.01427.pdf）

10.2.6　代码合成

人工智能的一个宏伟愿景是能够根据文本描述编写计算机程序。这个问题通常被称为代码合成（Code Synthesis）。Beltramelli 等[⊖] 最近提出了一个名为 **pix2code** 的系统，试图在某种程度上解决这个问题。该系统的目标是采用**图形用户界面（Graphical User Interface, GUI）**截图作为输入，并生成可以进一步编译为源代码的**领域特定语言 (Domain Specific Language，DSL)** 代码。图 10-11 展示了一个示例，其中左边是输入截图，右边是对应的 DSL 代码。

pix2code 系统有两个模块：训练和解码。训练模块将 GUI 截图和 DSL 标记序列作为其输入。GUI 截图输入到 CNN 中，CNN 将其转换为特征向量。DSL 标记序列输入到 LSTM 网络中，LSTM 网络将其映射为输出向量。最后，将 LSTM 网络和 CNN 的输出进行组合，并进一步把组合结果输入到第二个 LSTM 网络中，该 LSTM 网络会生成下一个 DSL 标记。图 10-12 展示了这个训练过程。

一旦训练完了 pix2code 模型，就会将其应用到一个新的 GUI 截图。这是通过解码模块实现的，该模块以 GUI 和先前预测的 DSL 标记上下文为输入，并输出最可能的 DSL 标记。然后，要解码的输入上下文使用此预测的标记进行更新，并重复此过程直到解码器生成结束分

⊖ https://arxiv.org/pdf/1705.07962.pdf.

隔符标记为止。所有预测的标记序列最后都编译成目标代码块。图 10-13 展示了此解码过程。

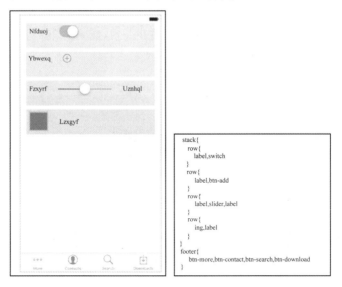

图 10-11　pix2code 示例：左边的 GUI 截图被转换为右边的简单 DSL 代码
（图片来源：https://arxiv.org/pdf/1705.07962.pdf）

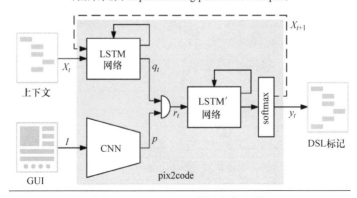

图 10-12　pix2code 训练架构概览
（图片来源：https://arxiv.org/pdf/1705.07962.pdf）

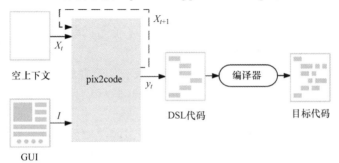

图 10-13　pix2code 解码架构概览
（图片来源：https://arxiv.org/pdf/1705.07962.pdf）

pix2code 系统获得了一些可喜的结果，其在生成正确的 DSL 标记方面的准确率为
77%。图 10-14 显示了 pix2code 的一个定性示例，其中左边显示的是真实的用户界面，右
边显示的是系统生成的用户界面。从图中可以看出，pix2code 能够可靠地生成除两个元素
之外的所有 GUI 元素。

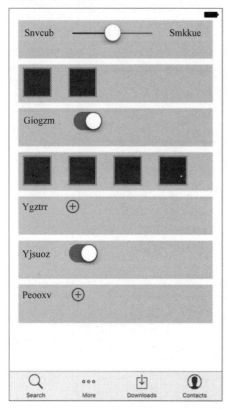 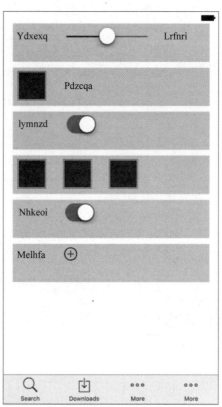

图 10-14　pix2code 结果：左边是真实的用户界面，右边是系统生成的用户界面
（图片来源：https://arxiv.org/pdf/1705.07962.pdf）

10.3　小结

本章概述了深度学习研究的一些新方向；介绍了流行的基于深度学习的生成建模技术
（如生成对抗网络）背后的核心概念。

本章还讨论了 Capsule 网络背后的关键思想以及它们旨在解决的问题。最后，介绍了当
前正在使用深度学习的一些新应用领域；详细地描述这些应用，并展示了如何在这些领域
中使用深度学习模型来实现优越的性能。

在本书中，我们试图从实践者的角度将深度学习的关键思想结合起来。我们真诚地希
望读者喜欢这本书，并提供反馈意见以改进将来的版本。